KUWEI
酷威文化
图书 影视

别让拖延症
毁掉你

李世强◎著

四川文艺出版社

图书在版编目（CIP）数据

别让拖延症毁掉你 / 李世强著. — 成都：四川文艺
出版社, 2017.9（2019.3重印）
　ISBN 978-7-5411-4806-4

　Ⅰ.①别… Ⅱ.①李… Ⅲ.①成功心理－通俗读物
Ⅳ.①B848.4-49

　中国版本图书馆CIP数据核字(2017)第227644号

BIERANG TUOYANZHENG HUIDIAONI

别让拖延症毁掉你

李世强 著

出 品 人	刘运东
特约监制	肖　恋
特约策划	肖　恋
责任编辑	金炀淏　周　轶
责任校对	汪　平
特约编辑	赵璧君　苗玉佳
封面设计	仙　境

出版发行	四川文艺出版社（成都市槐树街2号）
网　　址	www.scwys.com
电　　话	028-86259287（发行部）　028-86259303（编辑部）
传　　真	028-86259306

邮购地址	成都市槐树街2号四川文艺出版社邮购部　610031
印　　刷	三河市海新印务有限公司
成品尺寸	145mm×210mm　1/32
印　　张	9.25　　　　　　　　字　数　230千字
版　　次	2017年10月第一版　　印　次　2019年3月第九次印刷
书　　号	ISBN 978-7-5411-4806-4
定　　价	39.80元

目录

C O N T E N T S

下 篇　　克服拖延，勇往直前

前 言

　　现代的生活当中，相信每个人或多或少都会有拖延的习惯。没有长时间的拖延，也会有短时间的拖延。例如 "这个事情一会儿再做吧"，这样的想法相信每个人都会有。但人人内心中都会问这样一个问题，这样的拖延，是"拖延症"吗？

　　当我们准备开始大谈特谈"拖延"这个问题的时候，首先需要解答一个所有人心里的疑惑。人人都有拖延，难道说人人都有拖延症吗？

　　其实，我们有时候的拖延并非是"症"。如，我们有时是因为事情排不过来，把另一件事情往后推一推，又或是因为事情太多，当感到疲劳时，希望暂停，休息一下，然后继续工作。这样的"拖延"，难道也算是一种"症"吗？当然不是，那么，我们怎么区别拖延和拖延症呢？其中最简单的一个方法，就是看它有没有让你感到烦恼。

　　对有些人来说，并没有感到"拖"是一个问题，他们喜欢生活过得轻松一点。他们做事情并不急于求成，他们只是希望能够花费多一些时间在一件事情上，能够让它精益求精。又有些人，他们或许把事情往后拖延，是因为那些事情是无关紧要的，或者在有些事情上需要认真思考，考虑周全后再做决定。这些人，他们并不会因为拖延而感到烦恼，这样的拖延，又有何不可呢？

　　与此同时，另一些人却不一样了，拖延成了他们生活和工作中很严重的问题。更可怕的是，拖延不仅给他们在实际的生活中带来影响，更给他们的心理造成严重的后果。这些拖延者们不得不承受着拖延带给他们内心情绪的各种折磨，从愤怒、焦虑、不安，到强烈的自责，甚至到最后的绝望。

对于旁人来说，很多拖延症患者从外表上看并没有什么区别和不同。他们有可能是成功人士，有可能是公务员，更有可能是学识渊博的老师或教授、学者，也有可能是家庭主妇……他们可能是各种行业当中的人。虽然表面上，他们与普通人没有区别，但他们在内心深处却因为拖延症感到极其痛苦。因为拖延，他们无法完成应该完成事情，他们会因此愤怒、会感到挫败和懊悔。他们下定决心下不为例，但当下一件事情发生时，又是同样的拖延。虽然外表上看不出什么，但在内心中，因为这种事一次又一次，他们备受煎熬。

无论我们是否有拖延症，我们都应该对拖延的心理学有所了解。当你了解它，才能知道如何去防范它；当你了解它，得了这个症状后，才能够及时发现，并且治愈它。

本书从多方面为每一位读者详细解释了拖延症形成的原因、危害以及出现的各种类型与症状，为了让读者能够对它全方位了解和战胜拖延症，本书通俗易懂地运用理论加案例的方式，为读者详细解释如何从心理上克服拖延症，戒除它对我们生活和工作的干扰，从而改变自己的生活方式，让自己能够迎接全新的一天、全新的开始。

上 篇

探秘拖延，解剖心理

别 让 拖 延 症 毁 掉 你

1

PART 1

拖延心理的形成：
探秘拖延如何深入内心

◇ 拖延症，你的真实面目是什么

我们都知道，那些有成就的人有很多优秀的品质，做事绝不拖延肯定是其最重要的品质之一。生活中的每个人，要想在日后有所作为，也必须从现在开始就养成立即执行的习惯，如果你有拖延症，你要做的第一步就是调节自己的拖延心理。

然而，我们不得不承认的是，在我们的生活中，从员工到总裁，从学生到社会青年，从家庭主妇到职场人士，拖延的问题几乎会影响到每一个人。因为了解自己的，始终是我们自身，你是否有拖延的习惯，也许你的上司、家人、老师并不知晓，但是你自己清楚，或许现在的你已经陷入了拖延的泥潭中，那么是时候解决这个问题了。

如果你确实不清楚自己是否有拖延症，那么，我们可以掌握几种拖延的形式和症状，来对照一下。我们不妨先来看看下面的故事：

我有一个姐姐，我觉得她就是严重的拖延症患者。下面我来讲讲我这位姐姐的一件事情。她怀孕的时候，无聊的她想打发时间，就买来一些漂亮的毛线，想着给未出世的孩子织一件衣服，可是她却迟迟没动手，总是懒懒地躺在床上，每当她想到那些毛线时，总是告诉自己："还是先吃点东西，看看电视，等会儿再说吧。"可是等她吃完东西、看完电视以后，她发现天已经黑了，于是，她会说："晚上开着灯织毛衣对孕妇的眼睛不好，还是明天再织吧。"第二天，她还用同样的借口拖延。

我姐夫是个贴心的好男人，他心疼老婆，并未催促她，她的婆婆看到那些被放到柜子里的毛线，本想替她织，但她却坚决要自己为孩子织毛衣，她还心想，如果是个女儿，一定要织个漂亮的毛裙，如果是个男孩，就织一件毛裤。但随着她的肚子越来越大，她越来越不想动，后来，她告诉自己，要不就等孩子出来再织也行。

时间一晃就过去了，孩子很快出生了，是个漂亮的小姑娘，带孩子成了她主要的工作，孩子渐渐长大，很快就到一岁了，可是那件毛裙还没开始织。后来，她发现，这些毛线已经不够给孩子织了。于是打算只给孩子织一件毛背心，不过打算归打算，动手的日子却被一拖再拖。当孩子两岁时，毛背心还没有织。当孩子三岁时，她想，也许那团毛线只够给孩子织一条围巾了，可是围巾也始终没有织成……渐渐地，她已经想不起来这些毛线了。孩子开始上小学了，一天孩子在翻找东西时，发现了这些毛线。孩子说真好看，可惜毛线被虫子蛀蚀了，便问妈妈这些毛线是干什么用的。此时她才又想起自己曾经所憧憬的那件漂亮的带有卡通图案的花毛衣。

这是发生在我身边的一个小故事，事情虽小，但它却告诉我们一个道理，那些有拖延习惯的人，多半都是拖延心理在作怪，而且，他们还总是会为自己寻找各种借口，要克服拖延的习惯，你必须先抛弃拖延的心理。如果不下了决心就不采取行动，那事情永远不会完成。

的确，我们都会在某种程度上犯这种错误，将今天应该做完的事情推到明天。享受现在的欢乐，延迟那不可避免的痛苦。但我们应该知道，即使在当下我们可以将这些痛苦抛出脑海，最终它仍会到来，狠狠地击中我们并扰乱我们外在的平静。那么，拖延的症状都有哪些，拖延症的真面目是什么呢？

1. 缺乏明确的愿景

人们拖延的最重要的原因之一就是找不到努力的方向、太过迷茫，如果我们看不到未来清晰的愿景，又怎么会有动力呢？

如果，我们对将要达到的目标和为何这样做有个清晰的构想，那么你会有足够的动力去努力并完成任务。

2. 计划不足

要想把事情做到最好，你心中必须有一个很高的标准，不能是一般的标准。在决定事情之前，要进行周密的调查论证，广泛征求意见，尽量把可能发生的情况考虑进去，避免出现 1% 的漏洞，直至达到预期效果。

3. 缺少时间

忙于做事并不意味着高效率。要善于利用每天的不同时间段。一般来说，上午头脑清醒，特别是第一个小时是效率最高的时候，可以将一些难度大而重要的工作放在此时进行。下午大脑一般比较迟钝，可以做一些活动量大又不需太动脑筋的工作。这将有助你提高工作效率，使得工作早日完成。

4. 疲劳感

很多时候，人们之所以拖延，多半他们都会以疲劳为借口，但实际上，真正令人们疲劳的还是无休止地拖延一件事。一定程度上说，疲劳是可以控制的。如果我们早点休息，按部就班地完成任务，坚持做一件事，我们就能减少疲劳、增强自信心，逐渐克服拖延心理。

5. 对结果的恐惧

对结果感到害怕是拖延的另一个原因。一些人害怕失败，他们没有良好地完成任务的能力，因此他们推迟行动。不管你信不信，还有另一些人害怕成功。他们可能知道完成特定的任务会给他们带来一些并不想要的结果。对此，我们要对完成或不完成一项任务的结局有明确的认识。

6．自制力不足

在现今我们更容易受技术和额外的刺激影响，从而更难保持注意力集中。在做事之前，我们最好先排除那些可能出现干扰的因素，比如关掉手机、网络等。

7．惰性

惰性总是与拖延相伴相生的。你会发现，那些你不愿意做的工作，往往是你不喜欢做的事或者是难做的事，因此，要克服拖延心理，你首先要克服惰性，万事开头难，要把不愿做但又必须做的事情放在首位，而对于难做的事可以试着把困难分解开，各个击破；对于那些难做决定的事，则要当机立断，因为最坏的决定是没有决定。

总之，你需要明白，拖延并不能帮助我们解决问题，也不会让问题凭空消失，拖延只是一种逃避，甚至会让问题变得更严重。那么，你为什么还要逃避呢？那些成功者从不拖延。

◇ 拖延症来临时，你能看得清吗

有人说，只有行动才能缩短自己与目标之间的距离，而拖延是行动的大敌，拖延将不断滋养恐惧，任何成功的人都把少说话、多做事奉为行动的准则，通过脚踏实地的行动，达成内心的愿望。那些有拖延症的人总是用种种说辞为自己开脱："对方不配合"、"不可能的任务"、"苛刻的老板"、"无聊的工作"……随之而来，我们会陷入"工作越来越无趣"、"人生越来越无聊"的泥潭中，愈加懒惰，愈加消极，愈加无望。我们把这些有拖延习惯的人称之为拖延症。

如果你是一个有拖延症的人，那么，也许你自己都不会承认，在你的内心，总是有一个声音："以后再说吧。"这就是一种情感阻力，如果没有这种阻力，那么，你的执行力将提高很多。

在面对某些事时，我们会明显地感到难度，这会让我们产生不快得感觉，此时，拖延的人就会找"以后再说"这样的借口，他们会劝慰自己："等等看，也许事情会好转。"其实正如我前面所说的，这只是一种逃避和麻痹，你要告诫自己，即便事情拖到了最后也未必会改善，而且，我们拖延的其实是自己的步伐、自己的人生、自己的精彩、自己的爱情。

下面讲一个我朋友的故事，我认为他的这件事情很有代表性，而且是经常会发生在我们任何人身上的事。

我这个朋友叫张学成，今年三十二岁，在我们当地的税务系统工作，事业稳定、薪酬不低、交友广阔，唯一美中不足的就是他未婚，但他有女朋友了，两个人好得蜜里调油，就等着到时候去领结婚证。可后来的一件事，却让他和谈了多年的女朋友分了手。

事情是这样的：她女友的妹妹下周一过生日，可自己却在外地出差，所以给张学成打电话，告诉他帮着买一件礼物，而且女友也相信他的眼光。

挂掉女友的电话后，张学成对于女朋友的托付自然非常重视。他关了电脑，准备出门，突然想起今天才周二，距离下周一还有六天，买礼物的时间非常充足，不必急于一时，周四的时候公司要开例会，还是先把报表做出来吧。于是，他打开电脑，先把报表做了出来。

忙忙碌碌了两天，周四下午开完会，心情不错的张学成决定下班之后就去买礼物。可是，下班的时候，一个要好的同事约他一起去吃饭。张学成心想，礼物什么时候都能买，同事的面子不能不给，于是，他高高兴兴地和同事吃饭去了。

眨眼间，到了星期六，礼物连个影子都还没有，张学成却一点都不着急。不就是买个东西嘛，分分钟就能搞定，好不容易放假了，先玩一天再说。

周日了，张学成去买礼物了，可是在商场转了一圈之后，他又气馁了，要挑什么礼物呢？女友相信我的眼光，我一定不能让她失望。要是我挑选的礼物不够好，女友会不会生气，会不会不理我……张学成突然有些患得患失起来，半天之后，他决定，今天好好思考，明天再买，反正女友妹妹的生日 Party 在晚上，还来得及。

周一晚上，张学成假装生病，不敢和女友见面，因为，他没有买礼物！三个月后，女友和张学成分手了。

张学成的爱情童话终究走向了毁灭，为什么？因为他的拖延！他的借口太多了，身边发生的每一件事和遇到的每一个人都能成为他的借口，开会、同事请吃饭、周末要休息，这些理由多么的充足啊！

借口到处都有，它无处不在，只要我们想找，它绝对无穷无尽。人们常说："你撒下一个谎，却要用一百个谎言来圆这个谎言。"其实，拖延也是一样的。你找一个借口去拖延，后面就跟着一堆借口去拖延一件又一件事。

然而，每一个借口都是毒品，吸了第一口就想着第二口，戒都戒不掉，吸得多了，会让人忍不住沉沦，而沉沦是需要付出代价的，这个代价可能是爱情，如张学成，也可能是亲情，是事业，是成功，是责任……代价是如此沉重，沉重得令我们难以接受。既然如此，为什么我们还要抢着去付这个代价？从现在起，不要再找借口，不要再拖延，不是很好吗？

其实，拖延不仅不能省下时间和精力，反而使人心力交瘁，疲于奔命。如果这样还不够把你从拖延的梦魇里揪出来，那我只能杀下最后一棒："拖延消耗的不仅仅是精力，而是生命！"

那么，你有拖延症吗？不妨来给自己做个测验吧：

1. 在你的工作清单里，有很多事，你也清楚哪些事重要，哪些事次要，但你却还是选择了将那些不重要、难度小的事先做了，而越是重要的，反而越拖延。

2. 每次工作前都选择一个整点开始：一点半、两点……

3. 不喜欢别人占用自己的时间或者打扰自己工作，但其实最不珍惜时间的是你自己。

4. 原本你已经准备定下心来工作了，但还是在开工之前去冲了杯咖啡或者泡了杯茶，并给自己一个借口：这些饮品会让自己更易进入状态。

5. 在做某件事过程中，一旦出现了突发事件或者想法有变化，就立即停下手头的工作。

以上五条若有三条以上符合，恭喜，你已加入"拖延症患者"。将拖延症进行细细划分，我们还可以将其分为四种。

1. 学习型拖延症

顾名思义，就是对待学业上的事总是一拖再拖，面对众多需要学习的科、需要参加的学习活动等，他们没有紧迫感，也不着手处理和学习。很明显，怠慢学习的人，是很难有好的学习成果的，知识的获得应当是与勤奋相关联的，鲁迅说过："伟大的事业，同辛勤的劳动成正比，一分耕耘一分收获，日积月累，从少到多，奇迹就会出现。"勤奋可以使聪明之人更具实力，相反，懒惰则会使聪明之人最终江郎才尽，成为时代的弃儿。

也许有人会说，我还年轻，有大把的时间，但你可能没有意识到，现在的你还是聪明的，但如果你不继续学习，就无法使自己适应急剧变化的时代，就会有被淘汰的危险。只有善于学习、懂得学习的人，才能具备高能力，才能够赢得未来。

2. 工作型拖延症

你是否经常在上级一催再催后，才将某个报告交上去？你是否每天早上在进入办公室后花半个小时的时间回味昨天晚上的电视剧情节？你是否习惯了在工作之前跟同事说几句话……如果你总有这些习惯，那大概这就是为什么你总是不被上司赞赏的原因了。

伍迪·艾伦说过："生活中 90% 的时间只是在混日子。大多数人的生活层次只停留在为吃饭而吃，为搭公车而搭，为工作而工作，为回家而回家。他们从一个地方逛到另一个地方，使本来应该尽快做的事情一拖再拖。"的确，因各种理由造成拖延的消极心态，就像瘟疫般毒害着我们的灵魂，影响和消磨着我们的意志和进取心，阻碍了我们正常潜能的开掘，到头来终将使我们一事无成，终生后悔。

3. 婚恋型拖延症

可能你也发现，在你的身边，剩男剩女们越来越多，你可能也是其中的一员，为什么会剩下，其实也是"拖延"的结果，我们总希望能在工作生活如意的情况下谈及爱情、婚姻，认为"不着急"，但如今，我们真的"着急了"。

4. 亲情型拖延症

"树欲静而风不止，子欲养而亲不待"，这是人生一大悲哀。很多时候，我们总在感叹，等我有钱了就陪父母去旅行，去和爱人和孩子享受天伦之乐，但时间不等人，亲情也不能等，如果想表达你对亲人的爱，别再拖延了。

总之，生活中的人们，无论是工作、生活还是学习，大事还是小事，凡是应该立即去做的事情，就应该立即行动，绝不能拖延，要尽全力日事日清。我们的一生中，确实有很多个明天，但如果把什么都放在明天做，那明天呢？明天的明天呢？有句话说得好，"我们活在当下"，明天属于未来，我们只有把握好现在，才能决定明天的生活。

◇ 任何人的拖延行为，都在一定的内因驱动下形成

我们都知道，拖延是一种不良的行为习惯，然而，任何人的拖延行为，其实都是在一定的内因驱使下形成的。我们周围有这样一些聪明的人，无论是在生活还是工作中，只要是与人打交道，他们总是会在看清楚他人的"招数"前拖延一段时间，因为他们坚信"谁先出手，谁就失利"。这类人拖延的内在动因是为了保护自己。

我有一个朋友，他并不懒惰，却喜欢拖延，他跟我说过一段话，让我印象很深刻，他说："我觉得人生就是一盘棋局，谁先出棋，谁更容易被看破。无论是工作还是生活，我都会慢半拍，在我搞清楚别人的想法之前，我会把自己的手放在胸前，不让别人看清楚我的心。如果我看到一个心仪的女孩，我不会热情地追她，因为假如她对我没兴趣，那么我再努力也是徒劳，我会等待她先对我表达好感，我不打没把握的仗；我也不会主动提出工作调动，因为我不想让别人看清楚我对什么部门最感兴趣；我也不会针对什么事情立即做决定，因为那样会被别人看清楚我的想法，进而从中捞到好处，要知道，我们周围到处都是这样猜来猜去的游戏……"

想必，在我们的生活中，带有这样心理的人不少。在他们需要做决定的情况下，他们认为拖延能起到保护自己的作用，因为这样别人就看不清他们的想法，也就不会立即采取制约措施。他们认为，捉摸不定更能让自己安全感，一旦暴露自己，就会成为任人宰割的对象。

事实上，我们的一生，越是拖延、四处躲避，就越是让我们殚精竭虑、忧心忡忡，我们总是在担心会被他人算计，总是提心吊胆，这样真的会有安全感吗？任何一个处于自我保护状态下的拖延者的经历告诉我们，有时候，主动出击更能赢得主动权。与其总是猜测他人的想法，还不如先走出去，随时做好最坏的打算，这样才会更有安全感。这样，你也会在最短的时间内看清楚谁和你站在同一阵营内，谁是敌人，而不是空耗生命。另外，你的需求也会被他人知晓，关爱你的人也会出现。其实，很多情况，人与人之间隔阂地加深就是因为拖延造成的。

我有个妹妹叫丽丽。她毕业六年了，从刚毕业的时候，她就开始我们老家的一家公司做客服。她是个勤快、踏实的孩子。几年的努力换来了一个主管的职位。正因为她从刚踏入社会，她一个人打拼，也没有人帮助她，所以，她对那些新来的职员都特别好，能帮上忙的她都义不容辞。

就在丽丽当上主管不久，客服部来了一个新手，是个很单纯的女孩，刚好还是和丽丽一个大学毕业的，这下子丽丽更加怜惜。而且，那女生很听话，办事能力也很强，无论是丽丽交代做的，还是没交代做的，她都能做得很好。有不懂的，也不厌其烦地问，丽丽仿佛看到了当年的自己，她把那女孩当亲妹妹一样照顾。由于丽丽的力荐，上司对女孩的表现也很满意。可是丽丽没想到的是，这女孩居然以怨报德，出卖了她。

事情是这样的：经过几个月的相处，丽丽对女孩已经是无话不说，那时候直接领导丽丽的还有一个上司，这个上司为人还好，就是在业务上能力有点差，丽丽对她倒也没什么意见，就是闲聊时和这个女孩随便说了几句。

有一段时间，公司客服部频频接到投诉电话，为了解决这一问题，丽丽作为主管，制定了新的客服计划，本来在会议上都已经通过了，但是第二天她的上司却通知她计划取消。当时，丽丽很生气，当着全体员工的面通过的事情，怎么说取消就取消呢？她很想向上司发火，说几句顶撞的话。不过几年的工夫没白练，她忍住了，她敲开了上司的门，走了进去，很耐心地问："我想知道原因？我觉得这个方案真的不错！"

上司看了她一眼："你是不是翅膀硬了，觉得自己能力已经在我之上了？"丽丽一愣，想起了前天对那个女孩说的话。根据她多年的经验，她意识到是自己被出卖了！于是她稳住了自己说："每个人都有自己的特点，在策划上您可能没有我强，但是在管理上，我却没有您有能力！这就是为什么您是领导，我是下属。"这话领导听了，还挺受用。领导看了丽丽一眼，叮嘱说："你不要光顾着工作，要小心身边的人。"

丽丽是聪明人，当然明白上司这话是什么意思，她同时也知道了，自己的策划被通过了。但是关于那个女孩，她并没有怪罪于她，但她觉得这个女孩还是不聪明，因为她很快就知道了女孩两面讨好的用心。

在这个事件中，我妹妹丽丽和领导之间的误会就是他人挑拨造成的，而庆幸的是，这一误会能在丽丽主动开口后解释清楚。假如丽丽一直不澄清这个误会，也许就会因为中了同事的离间计与上司树敌了。

可见，在这种情况下，拖延并不会起到自我保护的作用，相反，它还会吞噬人与人之间的信任，让我们失去友谊、关心等。

一些自作聪明的人还以为，拖延能帮助我们复仇，我们被某个人伤害、欺负了，那么，再次交锋的时候，我们的拖延会让对方感到苦恼。比如，你的上司在一次工作中批评了你，你怀恨在心，前一天，他急需一份工作季度销售报告参加公司高层会，但第二天你却借口推脱称报告未完成，此时，你是多么希望看到他在大会上出丑的表情。然而，你的目的真的达到了吗？这样做只会让你成为他的正面敌人，职场人士与上司内斗最终失利的只有员工。任何一个有经验的职场人士都会给我们一个忠告：绝不要与上司作对。

总的来说，我们需要更正一个观点：拖延并不一定会真的起到保护自我的目的，真正的安全感是随时为危险做好准备，而不是逃避危险。

◇ 习惯可以学习，拖延同样能被效仿

在前面的分析中，我们已经了解到，人的拖延行为并不是先天形成，并非与生俱来，而是后天所致，是受外界环境因素的影响和后天心理变化而产生的。因为拖延行为和习惯的产生，我们的预期目标总是无法完成。相信你曾经历过这样的场景：原本你打算开始工作，但看到其他同事在一起聊天喝茶，你的心情也放松了很多，认为自己也不用着急。我们也常常这样安慰自己："他们都还没开始呢，不着急。""每次他们开始一半了，我才开始也能完成工作，他们都还在娱乐呢，我也可以等一等。"我们总是以他人的标准来衡量自己的行为，如果看到别人还未实施，我们就好像获得某种恩准一样可以不工作。

事实上，在我们的工作和生活中，我们的拖延行为和习惯的产生，也是与周围人的影响有着密切的关系，对他人行为的效仿和学习也常常让我们陷入拖延的沼泽中。

只要我们处于一个集体中，都会不自觉地以他人作为参照物来衡量自己的行为，也会效仿和学习他人的行为习惯，尽管这些习惯未必全是积极的。下面我再说两个发生在身边的故事：

我刚工作那会儿，有一个同事小徐，他是个很热情活泼的年轻人，我们都在一家互联网公司做策划，他聪明、办事能力强，与周围人的关系相处得很好，也深知协作的重要性，所以他总是保持着和同事一致的

工作进度。这天，领导又交给大家一个任务，希望大家能分工完成。

那天中午，小徐问我们另外几个人："你们开始做了吗？"

"没有，周四开始也来得及呢，这个项目我们有很多经验，花不了多少时间的。"

"就是啊，每次我们交上去了策划案，领导还不是过了好几天才看。"

小徐听到我们大家都这么说，也觉得是这个道理，于是，就和我们一样拖到最后才开始。

另一个故事是发生在我大学时，当时我们宿舍是四人间。有两个北京本地人，我一个，还有一个是来自山东的农村孩子李建军。刚开学，我们和其他的同学都不是太熟，所以宿舍四个人的关系非常好，无论是上学、放学，还是吃饭、睡觉都是同一个节奏。

建军是个农村孩子，在老家的时候是个十分勤快的人，学习也一直勤奋努力，做事积极，而我们另外三个人就不是这样了，北京的两个室友刚来的时候，连如何洗毛巾都不会，我虽然强一些，但也是城市里的孩子，懒散和一些不好的行为习惯也是有的，其中就有拖延。就这样过了半个多月，我发现，以前很勤快的建军也渐渐有了拖延和懒散的习惯。

比如，有一天上午九点半有堂课，现在已经八点半了，大家都还没起床，建军问：你们还不起来啊？"

"再睡一下吧，九点起来也可以。"其中一个北京室友回答。

"就是，半个小时足够了。"另一个附和。

"那好吧。"于是，大家又沉沉睡去。过了一会儿，建军一看表，已经十点了……

上面两个故事中，我的同事小徐和我的室友建军为什么会产生拖延的行为习惯？原因当然有很多，不过最重要还是周围人的影响，他们看到周围人迟迟开始，自己获得了心理安慰，也就没有紧迫感。

其实这一情况在我们很多人身上都发生过，我们常说："近朱者赤，近墨者黑。"这就是环境对人的影响。一个人最终能形成良好的习惯还是恶习，也是环境对我们作用的结果。

那么，哪些因素会让我们产生拖延的行为呢？

我认为，首要因素就是从众心理。我们都是社会的人、集体的人，任何人都不可能单独存在，我们是家庭的成员，是企业的成员，所以，无论你是什么身份，你都会接触到各种各样的人，你的行为也会受到他们的影响。

同样，在你的工作环境中，也总是有一些和你关系要好的同事。试想，快到下班时间了，你的任务还没完成，你原本想，再工作一会儿，别把工作拖到明天，但这时，你的铁哥们儿已经朝你走过来了，他兴致勃勃地对你说："走，晚上去喝一杯，兄弟几个好久没聚了。"

"可是我的工作还没做完呢。你们去吧。"

"去吧去吧，大家都等着你呢。"另外几个同事也走过来说。

此时，你动摇了，也就跟同事一起下班了，你的工作，也被你抛到九霄云外了。

的确，人都有从众心理，尤其是面对那些烦琐的工作、沉重的压力，这一心理就会被激发出来，只要我们找到行为的榜样，我们就会效仿他，就在不知不觉中形成了拖延行为，并且一旦形成，成为习惯，便很难改变。

还有一点就是我们能从他人的拖延行为中获得心理安慰。自古以来，人与人之间都会比较，甚至是攀比，有些人会攀比某些外在的因素，比如金钱、社会地位等，一些人会在行为上进行攀比，同样的工作，别人有没有做。这不是刻意的比较，而是无意识的，以此来获得某种心理平衡或者证明自己的价值。

　　同样，在工作中，当我们看到周围的同事还未着手做某件事时，我们也会告诉自己：他都没开始呢，我何必着急？或者我们的心里有这样一种声音：我们能力相当，他也没做，如果我们同时晚点做，我是能在他前面完成的。这样，无形中，你们并未同时努力工作，而是同时将工作推后了。

　　最后要说的一点，就是对他人拖延行为的效仿。我们从出生开始，就在学习和模仿，我们学习如何走路、说话、识字等，这些是好的模仿行为，但也有一些不好的，比如说脏话、懒惰、拖延等。

　　的确，从正面的、积极的学习和模仿中，我们不断成长、获得知识和技能，然而，对那些不好的行为习惯的模仿，让我们变得消极怠惰。比如，当你看到周围的人都没有完成工作也没有什么严重的后果时，你便暗示自己，我也不用那么快完成工作，慢慢来吧，结果可想而知，我们便陷入了拖延的泥潭中。

　　还有一点，我们总是希望自己能被周围的人喜欢，都希望自己能合群，对于众人的拖延行为，如果你鹤立鸡群，与众不同的话，势必会被排挤出去，为了避免这一点，在潜移默化中你也在学习如何拖延。

　　总的来说，我们的拖延行为在很大程度上是源于对周围人的效仿学习，这能使我们获得心理安慰，对此，千万不可小觑这一负面影响，认识这一点，当我们处于某一集体中时，一定要懂得去其糟粕，取其精华，否则便会对自己产生不利的影响，形成拖延习惯，甚至难以自拔。

◇ 刨根问底，拖延的根源到底在哪里

　　也许你也是一名拖延者，和所有的拖延者一样，在你的内心其实也意识到自己的拖延行为，也希望自己可以改正这一行为习惯，然而，每当你满怀希望地认为自己可以努力做到立即实施时，却还是被自己打败，然后还是不断地拖延、陷入拖延心理的怪圈。难道拖延对我们的诱惑真就那么大吗？到底是什么让我们在不断地拖延呢？

　　前面我们已经分析过，拖延行为的产生，是多种因素共同作用的结果，并非先天形成，而是后天所致，外在的因素，尤其是他人对我们的影响很大。然而，单单外在的因素是不能直接对我们产生作用的，还需要内因的影响。所以，不要再把所有的责任归结到他人身上，最根本的原因在于你自身。

　　那么，产生拖延行为的根源到底是什么呢？

　　我们知道，拖延怪圈就像一个恶性循环一样，在这一循环的过程中，我们看到的是，我们的拖延行为一次次被原谅，一次次被宽容，然后还是继续一次次地拖延，宽容我们的对象，可能是我们自身，也有可能是他人，无论是谁，我们总是走不出这样的怪圈。

　　我有个弟弟，毕业以后一直在一家网络公司工作，平时的工作并不是很多，老板人很好，对员工一直和蔼可亲，即便员工做错了，也从不骂人。

　　我这个弟弟在这家公司已经工作了四年，他也没有想过要跳槽的事，

但最近，他的几个兄弟说换了新单位，工资翻了一番，他心里痒痒，想问问他们是怎么做到的。于是，一个周末，弟弟请我还有他的这几个兄弟一起吃饭，听了他们的一段对话，对我感触很大，对话内容是这样的。

我弟弟问他们是如何做到换工作后公司翻倍的。

其中一个说："哪一行都累啊，我们现在不比从前，虽然工资高，但也不轻松，以前工作还能偷偷懒，拖延一下任务，现在可不行，感觉随时都有人在催着我们做事，老板就像个剥削者一样，总是在压榨我们。"

弟弟说道："说的也是。不过话说回来，虽然我们老板很好。但在现在这家公司，我确实也感觉到自己越来越懒惰，无论什么事，总是一拖再拖，我也一直在寻找自己拖延的原因，但就是找不到。每次老板交代给我一件事，我觉得时间多着呢，不必着急，到老板催的时候我再开始也不晚，反正每次即使他催工作，我再晚几天他也不会说什么。还有，我发现，当我把工作成果交给他的时候，他还是照样把它放置到一边，过了好几天才会看。"

"你们老板也是个拖延者。"另外一个人说。

"是吧，我觉得他也不会责备我，要知道，就这么一点薪水，他要再请员工，是没有人愿意被聘用的，所以可能是因为老板对我的宽容让我不断拖延吧。"

从这段对话中，可以判断出来，弟弟之所以不断地拖延，就是因为他不断地被宽容。的确，无论宽容我们的是我们自身，还是他人，只要有宽容的存在，我们就找到了拖延的理由。

宽容其实分很多中。首先是对自己的宽容，表现在替自己找借口，为自己辩解。一旦我们的工作拖延了、我们迟迟未着手做某件事，就总是能为自己找到各种各样的借口，尽管这些并不是真的原因。我们找借口只是为了宽容自己，让自己不受到内心的责备。

比如，我们经常会在内心告诉自己："今天天气太冷了，去和客户谈生意，客户肯定心情也不好，所以我没去。""女朋友昨天对我提出分手了，我的心情实在太糟糕了，我根本没有心情工作，这不怪我。""晚上的汤实在太难喝，我到现在胃里还不舒服，实在无心加班。"我们似乎总是在等待一个绝佳的做事时机，然而，这样的时机存在吗？随时都有可能出现让我们情绪不佳的情况，难道我们就不需要工作了吗？

另外，即便我们心情不好、天气糟糕，我们还是可以坚持工作，因为我们的身体和大脑即使在这样的情况下还是能正常运行。当然，如果你一味地找借口原谅自己，那你只能浪费时间。可见，借口和自我辩解都只是为了让自己内心好过一点，不让自己有过多的负罪感。

宽容的另一个方面是来自于他人的宽容。为了减少负罪感，我们会宽容自己，我们告诫自己，下次我一定会努力开始工作，但下一次你真的做得到吗？也许你确实下了狠心，但你发现没有，你的上司或老板似乎对这件事也并不是太在意，当你告诉他因为一些原因还未完成工作时，他告诉你："没事，再给你几天时间，慢慢来。"此时的你怎么想，是不是认为既然老板都不着急，我何必着急？很明显，老板的宽容更纵容了你的拖延行为。

除了自身的宽容外，他人的宽容也是我们产生拖延行为和习惯的又一催化剂，我们常会这样认为：我只是一名员工，老板都不在意我是否如期完成，我又何必在意！于是，你更加肆无忌惮。

还有一种情况，就如故事中的小张的领导一样，上司可能是也是个拖延者，他们也没有紧急意识，认为今天完成和明天甚至是后天并无分别，于是，我们也会"追随"他，认为何时完成工作无所谓。时间久了，你的拖延习惯形成后，也就陷入了拖延心理的怪圈。

　　宽容还有一种变现方式是对自我的自欺欺人和鼓励。当你再一次拖延后，你对自己说："这次虽然我没按时完成工作，但下次我一定努力及早开始，然后准时完成。"所谓的"下一次"只不过是自欺欺人而已。当你进入了拖延的泥潭中，再想改善现状真的那么简单吗？我们还是在宽容自己，然后把希望放到下一次。当然，你已经认识到了自己的拖延行为，那既然如此，为什么不努力改变呢？

　　如何改变是我们真正需要关心的内容，这需要我们从改变自己的意识开始，也许你认为作为一名员工，上司是你的行为榜样，他宽容你，你就不必在意自己的拖延，但工作只是我们人生的一部分，如果把工作中的拖延行为带到生活，带入我们人生的各个方面，那么，我们永远都会比别人慢一拍，我们的热情、梦想都会丢下我们，这样的人生真的是你想要的吗？从这一点考虑，我们都有必要戒除那些自欺欺人的宽容，将拖延习惯连根拔除。

2

拖延心理的隐患：
触碰拖延这颗雷，人生灰飞烟灭

◇ 拖延产生的焦虑症，该如何平复

◇ 大龄未婚青年，大多都是被拖出来的

◇ 99% 与 100%，有着天壤之别

◇ 拖沓是拖延的种子，埋下后就会茁壮成长

◇ 拖延有时来自依赖，总有人害怕独当一面

◇ 当拖延成为一种习惯，人也会成为一个废材

◇ 拖延产生的焦虑症，该如何平复

在讲这节之前，先为大家讲一个例子，这是发生在我弟弟身上的案例，但相信很多学生都会有这样的情况发生：

我弟弟是一名大四的学生，他就有很严重的拖延症。他从上大学开始，每到期末考试，总是一种状态：

考前两个月："还有六十天，时间还早，先放松放松。"

考前四十天："时间有点紧，但我还有很多其他的事情没做完，再等等。"

考前二十天："糟糕，来不及了，现在都不知道从哪下手了，这可咋办？"

还剩十天："完了，这次考试肯定没戏了，这次肯定过不了。早干什么去了？"

还剩三天："完了，完了，书根本看不进了，盯了书本半小时，一个字都没看进去。"

考试后若干天，成绩公布：五十七分、四十三分、三十八分……

随着时间的变化，可以看出我弟弟的情绪有着明显的变化，从一开始的轻松到后面越来越紧张、焦虑，直至情绪崩溃。这其实反映的就是每个人在拖延行为发生时心理活动的变化，拖延会导致焦虑，而焦虑又会让其不断延迟行动，陷入无法解脱的恶性循环。

有计划的行动者是很难因为学习和工作陷入焦虑的，他们循序渐进地追逐目标，一切都是水到渠成的。那些习惯拖延的人，才会被焦虑紧紧盯上。

我前同事小陈是个很聪明的人，能力也很强，总是自称为天才。但在我眼中，却觉得他是一个严重的拖延症患者。我也这样告诉过他，而他这自称自己是一个"高效拖延症患者"，他承认自己拖延，但他又非常得意于自己的"高效"。不管什么事情交给他，他从来都不立即去做，一定要拖到最后一刻，但是往往又能凭借自己过人的"能力"，在最后时刻力挽狂澜，完成任务，因此他常常引以为傲，而且还会嘲笑别人效率低下。

有一次，老板交给他个任务，让他在三天内出一份策划案。他接到任务后并不着急，和平时一样，找我们聊聊天、中午睡睡觉、喝喝下午茶。我们大家都在为他着急："就三天时间，即使现在就行动，也得加班加点才能完成，你还在等什么呢？"他一脸无所谓的表情："没事，时间还早，一个策划案而已，用不了那么久，我的效率你们又不是没领教过。"

前面两天就这么过去了，到了第三天，他终于开始准备了。他早早地来到公司，离上班时间还早，公司里还没有几个人。他优哉游哉地去厕所方便一下，再倒上一壶茶，然后坐在办公桌前定了定神，煞有介事地做了几个深呼吸，等准备工作都做好了，心也静下来了，他把电脑打开，资料也摊开，准备"大干一场"。

就在他准备上网收集资料的时候，却发现电脑连不上网络，检查了网线等线路没有问题，应该是公司的网络断了。但是现在还没到上班时间，技术部的同事还没来，没办法，他只能整理整理思路，先在脑子里面构思构思，等上班解决了网络问题再开始着手收集资料。

由于前两天压根儿没有做好准备，他很难闭门造车，凭空想出一个清晰的方案，直到上班他的脑子里面还是一片混沌。等网络部的同事修好网络，已经过去了两个小时，这期间他一点进展也没有。

时间一点一点过去，距离下午提案的时间越来越近，他的压力也越来越大。他不再像之前那么淡定了，他开始坐立不安，不断责备自己，找资料也心神不宁，越急越静不下心来。他像热锅上的蚂蚁，都不知道自己在做什么，一会儿胡乱点通鼠标，一会儿随手翻翻资料，心跳加快，感觉都要跳到嗓子眼了。

距离提案还剩最后两个小时，他放弃了，他从电脑里把之前做过的一些策划案调出来，根据这些模板东拼西凑套出了一个方案，然后交给领导应付了事。上交之后，他长舒一口气，终于在最后关头完成了，而且这样重压之下的突然轻松让他产生一种快感，就像酷热的夏天突然喝到一瓶冰镇的汽水一样。

这仅仅两个小时加工的"快餐品"，乍一看还像那么回事，毕竟是借鉴的其他项目，所以结构上还算完整。但是如果仔细一看，整个方案模棱两可，全是信息堆积，根本没有具体的数据、深入的分析和可行的计划，让人看得完全是一头雾水。

结果可想而知，领导狠狠地批评了他，还当众表示怀疑他的工作能力，这让小陈再度陷入自责和不安中。

有一种观点认为"压力之下会做得更好"，其实这种想法是完全片面的。研究证实，当感觉压力大时，大脑会控制神经系统自动释放出来应激激素——肾上腺素和皮质醇。当压力渐渐释放后，身体会恢复到平衡状态。如果压力过大，或者是持续时间太长，应激激素就会很快消失，不能起到保护身体的作用，从而会使人的血糖升高，影响睡眠，让身体自我修复能力受到影响，并且会破坏免疫系统。

重压之下是可能会让自己行动力强一些，这是一种自损的方式，虽然在一件事上完成了进度，但这样匆忙的状态下，很难得出好的成果。而且每经历一次这样的"绝处逢生"，对人的情绪都会产生影响，压力越来越大，焦虑越来越严重，最后可能导致对失败产生恐惧心理，排斥一切工作任务，降低行动力。

12月25日是圣诞节，在美国，每年总是有一大批人等到最后一刻才置办节日用品，因此他们不得不在商场关门前冲进去疯狂采购，而这个时候商场里往往都是爆满的状态，他们只能挤过人潮，在里面挑选之前别人挑剩下的礼物。因此，他们经常会买到有一些有瑕疵的物品，等到第二天他们又要因此抱怨连天，甚至还要返回商场里面要求退换货。

拖延者焦虑感完全是由个人行为造成的，对于这种类型的焦虑，从自我行为上进行要求就够了，立即行动，提高效率。

◇ 大龄未婚青年，大多都是被拖出来的

说到拖延，很多人就会立刻想到现在社会上大量存在的剩男剩女们。网上流传了一个段子，有人对"剩客"按年龄段做过这样的分类：二十四至二十七岁，这样的人是初级"剩客"，主要是他们刚刚走上"剩客"的道路，还有勇气为继续寻找自己的另一半而奋斗，可称为"剩斗士"；二十八至三十一岁，这类人是中级"剩客"，称为"必剩客"；三十二至三十六岁为高级"剩客"，尊称为"斗战剩佛"；三十六岁以上的，则可封为"齐天大剩"。

我有一个小姨，就为她闺女的事发愁。我这个妹妹一直没有听说过有对象，当然，也因为这个妹妹在外地工作，很少回老家，所以大家对她的生活都不太了解，但她的年龄却已经算是"剩女"了。所以，每次只要是一回家，街坊邻居都会问我小姨她闺女有没有对象。"你说，这人啊，如果长得丑还可以谅解。关键是杨佳这姑娘长得是白白净净的，挺漂亮，可就是没有个男朋友。"每次听到别人在背后议论，我小姨就无比难受。

可是，每当小姨和我这个妹妹谈起这事的时候，妹妹却总是推三阻四，不是说"没有合适的"就是说"等以后再说"，让小姨头疼不已。"谁知道这以后究竟是什么时候啊！"小姨嘟哝着说。

每次和老姐妹们打牌的时候，小姨总是念叨着，让给自己家的姑娘介绍个对象，结果这事被她闺女知道了。

　　"这相亲对象就一定很合适吗？就算是合适，那结婚是不是还要买房子啊？"妹妹连珠炮似的反问，让小姨哑口无言。但小姨冷静下来一想还真是这么一回事，结婚是孩子自己的事，什么时候遇到合适的人还是她自己说了算。

　　就这样一拖就给拖到了我这个妹妹三十一岁，到了现在周边的邻居也不会主动地给她说婚事。"年纪都这么大了，还没有嫁出去，肯定是哪里有毛病，否则早就结婚了。"又有些人有了这样的想法。

　　像我这个妹妹这样的事在我们身边可以说是屡见不鲜了。我们常说幸福是拖不来的，有些人不是没有找到幸福的机会，只是一拖再拖，幸福就这样悄悄溜走了。

　　我朋友赵平城是一个很要强的人。他也有一个女朋友，两个人恋爱八年，最近却为了结婚的事情经常和女朋友吵架，怎么回事呢？两个人的关系特别好，，如今三十二岁的他们，总是为了结婚吵来吵去的。双方都见过家长了，而且对方父母的印象也都很好，家长们都同意让他们结婚了，然而赵平城自己却老是不同意。

　　原来女方自己有一套房子，赵平城没有。赵平城就决定等到自己买了房子之后再结婚，而且赵平城想只用自己的工资买房，这可真是遥遥无期了。两个人的年纪现在都奔四了，等买了房之后再结婚真是不知道是何年何月。

　　男方这样拖下去，女方很可能就会因为等不起而放弃和他在一起。男方的确很有斗志，但是结婚过日子幸福不幸福，不是仅仅凭着斗志就可以了。幸福，不过就是有个温馨的小家，过着知足乐呵的生活。这样拖延自己的幸福，很可能到了最后就没有幸福。

还有一类"剩男剩女"，其实就是一些比较渴望自由的人。这样的人感觉自己拥有很多的资源，在自己一个人的时候是比较幸福的，所以他们就很排斥和其他的人共同享受一个空间。尽管总是被自己的亲人朋友念叨着"赶紧找个对象吧"。但是他们还是坚持着一个人，这些人很可能就是所谓的"钻石王老五"，也有可能是事业上的成功人士，他们渴望自由的心或者对不受人约束的向往比找一个人一起过日子要强烈。

现在的社会，谈恋爱的年龄越来越小了，结婚的年龄却是越来越大了，其实这就是一种典型的拖延幸福的行为。

可能是在刚开始遇人不淑，所以对这个世界上的爱情就不再期待，对于婚姻也会丧失很久以前的期望；又或者是自己一直处在相亲的道路上，对于自己现在见到的相亲对象十分不满意，总是想着，下一个相亲对象肯定比这个要好，所以也是一拖再拖，直到自己的年龄慢慢地变大；也有可能是自己的眼光很高，"高不成低不就"，自己的事业已经是步入了正常的轨道，什么样的人都入不了自己的眼，比较优秀的人估计是看不上自己，即便是自己看上了对方，稍微有点不好，就感觉自己受了委屈，最后还是不喜欢。所以，"剩男剩女"是拖出来的，而拖到了最后，很可能是随便找一个人结束自己的单身生活。

◇ 99% 与 100%，有着天壤之别

这个社会上，每个人都有自己的位置，每个人也都有自己的职责：医生的职责是救死扶伤；军人的职责是保卫祖国；工人的职责是生产合格的产品；教师的职责是培育人才……

社会上每个人的位置不同，职责也有所差异，但共同有一个最起码的做事准则，那就是做事做到位。做事做到位，就是要有严谨的做事态度，对要做的事情不能敷衍，认真去办，并把自己所做的事情力争做到最好。

能够做好自己的事情，是成功的第一要素，把事情做到位，是有效执行的第一要素。齐格勒说："如果你能够尽到自己的本分，尽力完成自己应该做的事情，那么总有一天，你能够随心所欲地从事自己想要做的事情。"反之，如果你凡事得过且过，从不努力把自己的事情做好，那么就永远无法达到成功的顶峰！

对很多事情来说，执行上的一点点差距，往往会导致结果的巨大差异。事情没有做到位，甚至相当一部分人做到了 99%，就差 1%，但就是这点细微的区别使他们很难取得突破和成功。

闻名世界的"塑料大王"王永庆在年轻时曾经吃过很多苦。十六岁时，他就用父亲借来的两百元钱开了一家不大的米店，米店虽小，但他始终精心经营着。

当时，大米加工技术落后，混杂着很多的米糠、沙粒、小石头等，买卖双方早已是见怪不怪，但王永庆却没有习以为常，他选择了更进一步的服务方式——在每次卖米前都把米中的杂物拣干净。

王永庆卖米多是送货上门，但并非送到就算，他还会帮人家将米倒进米缸里。如果米缸里还有米，他会先将旧米倒出来，将米缸刷干净，然后再将新米倒进去，将旧米放在上层，这样，米就不至于因存放过久而变质。

王永庆的这些行为可以说都是举手之劳，但却为顾客带来了很多方便，不少顾客深受感动，只买他的米。就这样，他的生意越做越好，最终成为台湾工业界的"龙头老大"。

小小的卖米生意，王永庆却将其做得如此细致到位，这也难怪他会成就如今的霸业了。所以，我们也就不难想象，为什么像王永庆这样的成功者在世界上永远只是少数，正是因为那些有着他同样理想的人，都是在做事不到位上，把自己的成功机会给扼杀了。

我们生活中出现的很多问题，一开始的确只是一些细节、小事上不能做得完全到位，但恰恰就是这些细节的不到位，常常会造成较大的影响。

比如，水温升到99℃，还不是开水，其价值有限；若再添一把火，在99℃的基础上再升高1℃，就会使水沸腾，并产生大量水蒸气来开动机器，从而获得巨大的经济效益。

一百件事情，如果九十九件事情做好了，一件事情未做好，而这一件事情对自己来说可能就是100%的影响。

一个人看见一只幼蝶在茧中拼命挣扎了很久，觉得它太辛苦了，出于怜悯，就用剪刀小心翼翼地将茧剪掉了一点点，让它可以较为容易地爬出来。然而，这只幼蝶爬出不久就死掉了。这是因为，幼蝶在茧中挣扎是生命过程中不可缺少的一部分，是为了让身体更加结实、翅膀更加有力。即使是一个小小的外力的作用，都会让它的发育和成长无法达到正常的标准，丧失生存和飞翔的能力。

遗憾的是，现实中像幼蝶这样的事情却时有发生，而且很多情况下都是源于做事者自身的不良心态：

做作业时马马虎虎，考试时粗心大意，面对错误敷衍塞责；只管上学、上班却不问贡献；只管接受指导、安排，却不顾结果；得过且过、应付了事，将把事情做得"差不多"作为自己的最高准则；做事情能拖就拖，很少在规定的时间内完成任务……

这些都是做事不到位的具体表现。而这样做事的人，又怎么能担当重任呢？

做事到位是每一个人最起码的做事准则，也是最基本的做人要求。只有做事到位，你才能真正提高办事效率，才能获得更多的发展机会，才能赢得学业和事业上的成功。因此，你必须养成做事做到位的好习惯，而方法有以下几种：

首先，必须拒绝投机取巧。

很多人常常不愿意付出与成功相应的努力：他们希望到达辉煌的巅峰，却不愿意经过艰难的跋涉；他们渴望取得胜利，却不愿意做出牺牲。这是一种普遍的投机取巧心态，而成功者的秘诀之一就在于他们能够超越这种心态。

无论事情大小，如果总是试图投机取巧，可能表面上看来会节约一些时间和精力，会获得一时的便利，但结果往往是浪费更多的时间、精力和钱财，甚至会在心里埋下隐患，使自己的意志无法坚定，也就无法实现自己的任何追求。

从长远来看，投机取巧有百害而无一利，不但会令人的能力退化，还会令人心灵堕落。只有勤奋踏实、尽心竭力地做事情才是最高尚的，才能给人带来真正的幸福和乐趣。

其次，做事情要一丝不苟。

有些人内心充满了激情和理想，然而一旦面对平凡的生活和琐碎的事情，就变得无可奈何，会对自己说："如此枯燥单调的事情，根本不值得我全心投入！"

在实际生活中，我们必须脚踏实地地衡量自己的实力，不断调整自己的方向，一步一步才能达到自己的目标。每一件事，不论大小都值得用心去做，而且对于那些小事更应该如此。那些在事业上取得一定成就的人，他们无一不是从简单的事情和低微的工作中一步一步走上来的。他们总能在一些细小的事情中，找到个人成长的支点，不断调整自己的心态，用恒久的努力打破困境，走向卓越与伟大。

一位先哲说过："如果有事情必须去做，便积极投入地去做吧！"做事情一丝不苟，能够迅速培养我们的品格，使我们获得智慧，加速我们的进步与成长，带领我们往好的方向前进，鼓舞我们不断追求进步。

第三，要追求一种精益求精的做事状态。

一年三百六十五天，一天二十四小时，一小时六十分钟……一些人经常在应付中生活，与应付相伴，做一天和尚撞一天钟，从不打算认真踏实地做好每一件事。他们没有奋斗目标，没有成就感，终日心思惶惶，过着"优哉"的生活。

这是一种缺乏责任心的表现，也是隐藏在成功道路上的一颗定时炸弹，时机一到，就会轰然爆炸，贻害无穷。有些人本来具有出众的才华，很有前途，但因为没有养成精益求精的好习惯，后来也就无法成就一番伟业。

做事是我们生活的重要组成部分，如果总是应付了事，不但会降低做事的效率，而且还会使我们丧失做事的才能。成功者无论做什么事情，都会以最高的规格要求自己，能做到最好的，就必须做到100%。

1987 年，一个与国内房地产公司合作的外资公司的工程师，在拍摄项目的全景时，本来在楼上就可以拍到，但他硬是徒步走了两公里爬到一座山上，连周围的景观都拍得很到位。

当时，有人问他为什么要这么做，他只回答了一句："回去董事会成员会向我提问，我要把这整个项目的情况告诉他们才算完成任务，不然就是事情没做到位。"

这位工程师的个人信条就是："我要负责做的事情，不会让任何人操心。任何事情，只有做到满分才是合格，九十九分都是不合格，六十分就是次品、半次品。"

一个人成功与否，就在于他是不是做什么事情都力求做到最好。事无大小，竭尽心力，力求完美，执行到位，这是成功者的标记。所以，只要你能够动用自己的全部智能，把事情做得比别人更完美、更快速、更准确、更专注。这样，才能成为一个执行超人，一个成功的人。

◇ 拖沓是拖延的种子，埋下后就会茁壮成长

没有谁一出生就带有拖延的毛病，也没有谁天生就是慢性子，拖延症地"养成"从来都不可能一蹴而就，它需要一个过程，这个过程很可能并不短暂。

不爱睡懒觉的人有，但绝对不多，周末的时候，窝在床上，睡觉睡到自然醒实在是一件再幸福不过的事情。这样的幸福，我们每一个人都享受过，并悠悠然乐在其中，难道这就是拖延？这就是错误？

这个世界没有神，即便是神也不可能永远都全神贯注，工作累了，喝杯咖啡，聊聊天，将任务往后推一推，这无可厚非，难道这也是拖延？这也是罪过？

不，睡睡懒觉，拖拖工作，这是人之常情，每个人都会有这样的经历，真要较真的话，这也只能算是拖沓，而不是拖延。

拖沓的习惯，每个人或多或少都会有，日常生活中，性子"慢"一些也无伤大雅，可拖沓却是拖延的种子，也许，就在我们不经意间便会生根发芽。

地上一点点微弱的火星，很少有人去在意，火星引发的燎原大火却让人心胆俱寒。我们常说的"千里之堤，溃于蚁穴"，这并不是没有道理的。

拖沓就是我们心中的火星，看上去那么的不起眼，没有谁会认为它能带来什么危险，可一旦给它"成长"的时间，它就会蜕变成拖延的漫天大火，将我们焚烧的渣都不剩。

当然了，很多时候，微弱的火星在没有成长起来之前就已经陨灭了，但是，未雨绸缪，防微杜渐，我们却不能因为 99% 的陨灭，而忽视那 1% 的燎原，否则，必将后悔莫及。

拖沓的确是小毛病，但拖延症却是大毛病，毛毛虫到了蛹期会结茧，破茧之后释放的是蝴蝶的美丽，拖沓也会"结茧"，只不过破茧之后，释放的却是拖延。

我在一本学生类的杂志上看到过这样一篇报道：

林夕燕今年十七岁，长相甜美、性格温和、成绩优异、多才多艺，是 H 市一中当之无愧的校花，老师和同学们都很喜欢她。然而，林夕燕什么都好，就是有个坏习惯——拖沓，不管做什么事，她都喜欢拖一拖，"慢条斯理"的样子让所有人都为她着急。

每次交作业，"压轴"的那个绝对是林夕燕，即便班上最调皮的肖豪，交的都比她早；每次考试，最后一个交卷的也肯定是林夕燕，即便卷子上的题她不是不会做。因为她的种种表现，"压寨夫人"的雅号扣到了她头上，她也为自己的拖沓付出了代价。

高考的时候，林夕燕一如既往，答题也慢悠悠的，结果，当年高考题量特别大，试题的难度也不小，时间本来就紧，林夕燕因为拖沓，本来会做的题也没做完，不会做的题那就更不用说了，结果，本来有望读一本的她，却连专科都没有考上，只得复读一年。

面对失败的惨痛，林夕燕痛苦不已，她告诉老师："我知道拖沓不好，但却仿佛是拖成瘾了。"以前，她做卷子之前为了舒缓心情，会下意识地转一分钟铅笔，可是后来，转铅笔的时间越来越长，从一分钟变成一分半钟、两分钟、三分钟、五分钟，甚至十分钟、二十分钟……

老师感叹不已。林夕燕这是得病了，病的名字叫拖延症，必须早治，治不好会贻害无穷，而造成林夕燕患病的原因，正是她的一分钟，她的拖沓。

拖沓是拖延的母亲，而拖延则是失败的帮凶，它毁掉了林夕燕。同样拖沓的我们又凭什么保证自己不是林夕燕？

拒绝拖沓，将拖延闷死在摇篮里。拖延症是一种很复杂的心理疾病，人患病的原因有很多很多，有人总病是因为恐惧失败，有人患病是因为害怕成功，有人患病是因为不甘心被命运被"掌控"，有人患病是因为体质特殊、无法集中精力。但是，拖延症最大的"病灶"却不是这些，而是拖沓。拖沓地"潜移默化"，拖沓地"步步蚕食"，拖沓地"逐渐渗透"，才是我们沉沦的主凶。

我以前给一家杂志社写稿，听杂志社的一位编辑讲过他们办公室一位同事的事情，印象深刻，因为这位编辑的同事就是因为拖沓最后丢掉了工作。我们暂且叫这位编辑的同事为丽丽。

丽丽是办公室远近闻名的超级名"磨"，人送外号"肉夹馍"，这可不是因为她擅长做肉夹馍或者她对肉夹馍情有独钟，而是因为她这个人非常磨蹭，对工作超有韧性。有时候看着一座山一样的事情堆在她眼前，摊开的文件，一个该打的电话，一封该发出去的邮件，一篇要尘埃落定的文稿，还有自己焦急不安的小心脏……别人都替她着急了，可她自己还是没有丝毫紧张的感觉，总是不紧不慢，一边咬着手指甲，一边盯着电脑发呆。

每次领导分给她重要的选题，都会狠狠触动她的神经，在心里暗下决心要把它做好："这么棒的选题，自然要做得出彩，当然要深思熟虑后再动手。"丽丽是处女座，凡事要求尽善尽美，所以从任务下达那天开始一直到最后期限，丽丽迟迟没有动手。她总是告诉自己，最合适的写稿时间还没有到来，需要耐心等待。今天等明天，明天等后天，等来等去的结果就是一拖再拖，每次都是等到过了交稿的最后期限，总编催很多遍她才手忙脚乱地赶稿子。可是赶稿子的时候也还得拖拉几天，今天写不完，明天再写吧，今天还跟朋友约好了去逛街呢，正好路上可以和朋友讨论一下，顺便理一下自己的思路，于是时间又这么拖过去了。由于她的稿子总是姗姗来迟，三番五次后，有什么好的选题都绕着她走了，对她自己来说确实工作压力减小了不少。不过不久后，她因为没有什么大用处就被老板给辞退了。

拖沓诚享受，拖延价太高。珍惜生命，远离拖沓，就请我们先从自己开始做起吧！

◇ 拖延有时来自依赖，总有人害怕独当一面

如果你是一名"资深"拖延者，你是否有这样的经历：学生时代，你习惯性地等待父母为你准备好一切后再出门上学，晚上回家不敢一个人走夜路；择业时，你问过所有人的意见才决定从事什么职业；工作中，领导让你执行某个任务，你总是让某个前辈陪同……不少拖延者都有依赖他人的坏习惯，缺乏勇气，害怕独自执行，他们宁愿选择拖着。事实上，无论是谁，要想做出成绩，乃至获得某个领域的成功，就必须要独立思考、敢于走在人前，依赖者只会成为别人的附庸，并且，你是否考虑过，那个被你依赖的人是何感想？

我有几个很要好的朋友，庞晓菲就是其中一个。她是个美丽的女子，皮肤白皙、婀娜多姿，温文尔雅，但就是有一点不好，她是个典型的小女人，一点主见也没有。对待丈夫言听计从倒很正常，就在和我们这些朋友的交往中，她也总是显得很被动，就连周末晚上看什么电影也要询问朋友。

最近，庞晓菲遇到了一件很苦恼的事，她发现丈夫好像有点不对劲，直觉告诉她，丈夫可能有了外遇，她不知道怎么办，便把倩倩约出来。

"我该怎么办啊？"庞晓菲一见到我们另一个很要好的朋友倩倩就迫不及待地问。

"什么怎么办啊，找他摊牌啊，问清楚情况。"倩倩是个急性子。

"我哪儿敢啊，这么多年来，都是他在挣钱养家。"

"庞晓菲，我真不知道说你什么好，你知道吗？你最大的问题就在这儿。"倩倩脱口而出，她也不知道这样说会不会伤害自己的好朋友。

"什么问题？"

"太过依赖别人了，得了，索性我今天把话说开吧。你知道这么多年以来，你为什么都没什么朋友吗？因为他觉得和你在一起挺累的，什么都要问他，你的时间很充裕，一个人无聊，但大家都有工作啊，都得养家糊口。可能你和你老公在相处的过程中也是这样，你们家什么都是他做主，时间一长他觉得腻了。可能我说这些你会伤心，但作为你的好朋友，我觉得我有必要对你说。"

听完倩倩的一番话，庞晓菲好像被人当头一棒，但她很快反应过来："没事，我知道你是为了我好，也许我是该好好想想，也需要改变一下了。"

从这个案例中，我们看到的是，依赖者缺乏主见，无论是做事还是做人，他们习惯性听从别人的意见，他们只能被别人牵着鼻子走，并且，还让他人产生一种压抑的感觉。

有人说，生活最大的危险不在别人，而在于自身。不在于自己没有想法，而在于总是依赖别人。的确，依赖所带来的拖延足以抹杀一个人前进的雄心和勇气，阻止自己用努力去换取成功的快乐。依赖会让自己日复一日地停滞不前，以致一生碌碌无为。过度依赖，会使自己丧失独立的权利，也是给自己未来挖下的失败陷阱。

我看到过这样一个故事：

有一个叫约翰森的人，他经历过这样一件事：十九岁那年，有个朋友和他约好，周日早上，他们一起去钓鱼，约翰森很高兴，因为他还不会钓鱼。

因此，头天晚上，他先收拾好所有装备，比如网球鞋、鱼竿等，并且，因为太兴奋，他居然穿着自己刚买的网球鞋就上床了。

第二天一大早，他就起床了，把自己的东西都准备好，并且，还时不时地朝窗外看，看看他的朋友有没有开车来接他，但令人沮丧的是，他的朋友完全把这件事忘记了。

约翰森这时并没有爬回床生闷气或是懊恼不已，相反，他认识到这可能就是他一生中学会自立自主的关键时刻。

于是，他跑到离家最近的超市，花掉了所有的积蓄，买了一艘他心仪已久的橡胶救生艇。中午的时候，他将自己的橡胶救生艇充上气，顶在头上，里面放着钓鱼的用具，活像个原始狩猎人。

随后，他来到了河边，约翰森摇着桨，滑入水中，假装自己在启动一艘豪华大油轮。那天，他钓到了一些鱼，又享用了带去的三明治，用军用壶喝了一些果汁。

后来，他回忆这次的情景，他说，那是他一生中最美妙的日子之一，是生命中的一大高潮。朋友的失约告诉他，凡事要自己去做。

约翰森的故事告诉我们，很多时候，事情并没有你想象的那么难，你只需要走出第一步。

其实，人生成功的过程也就是个人克服自身性格缺陷的过程，如果你也有依赖性格的问题，就必须从现在起，靠自己的努力克服。对于一些人来说，他们一旦失去了可以依赖的人，就会常常不知所措。如果你具有依赖心理而得不到及时纠正，发展下去有可能形成依赖型人格障碍。为此，你可以从以下几个方面纠正：

1. 充分认识到依赖心理的危害

这就要求你纠正平时养成的习惯，提高自己的动手能力，不要什么事情都指望别人，遇到问题要做出属于自己的选择和判断，加强自主性和创造性。学会独立地思考问题，保持独立的人格和思维能力。

2. 要破除习惯性依赖

对于依赖型人格而言，他们的依赖行为已成为一种习惯，为此，首先需要戒除这种不良习惯。你需要检查自己的日常行为中哪些是要依赖别人去做的，哪些是自主决定的，只需要坚持一个星期，然后将这些事件分为自主意识强、中、较差三等去做。

3. 要增强自控能力

对于自主意识差的事件，你可以通过提高自控能力来改善；对于自主意识中等的事件，你应寻找改进方法，并在以后的行动中逐步实施；对于自主意识较强的事件，你应该吸收经验，并在日后的生活中逐步实施。

4. 学会独立解决问题

依赖性是懒惰的附庸，要克服依赖性，就得在多种场合提倡自己的事情自己做。因此，在生活中，别再让他人为你安排了，对于工作中的事，也学会独立解决吧，在人际交往中，也别总是站在别人身后了，主动伸出你的双手吧。

◇ 当拖延成为一种习惯，人也会成为一个废材

我们还小的时候，就听过这样一首儿歌："丢了一个钉子，坏了一个蹄铁；坏了一个蹄铁，折了一匹战马；折了一匹战马，伤了一位将军；伤了一位将军，输了一场战斗；输了一场战斗，亡了一个国家。"对于拖延者说来，这首歌应该非常合适。拖延不是什么大事，甚至身边人也愿意去理解，但久而久之，它对我们的危害就没办法弥补。所以，对于拖延这种会让人上瘾的习惯，我们应该改变它，战胜它。

我们都很清楚，一旦自己陷入拖延的陷阱，就很难自拔，因为每次努力的摆脱都会让我们感到痛苦。可是，这种摆脱的痛苦却远比最终无法改变的永久损失要划算的多。《战胜拖拉》的作者尼尔·菲奥里曾说我们真正的痛苦，来自于因耽误而产生的持续焦虑，来自于因最后时刻所完成项目质量之低劣而产生的负罪感，还来自于因为失去人生中许多机会而产生的深深的悔恨。所以，相比这悔恨，我们还有多少痛苦不能承受呢？

我有一个妹妹，叫小南。她大学毕业没多久，现在是个上班族。因为从小到大一直生活在家里，从来没做过饭。所以，自理能力很差。现在她上班了，平时自己还是不怎么做饭，家里储存了很多零食，以备不时之需。这天是周六，她收拾橱柜的时候发现以前买的东西都放坏了，就想着收拾收拾拿出去扔了，结果事一多，就给忘了。第二天她又想起来，

就想等到吃完晚饭下楼散步时带出去。可晚饭后她接着看没看完的电视剧，没有下楼，快睡觉的时候才想起来橱柜里坏的食物没有扔掉，但这时候她已经不想收拾了。就这样，直到下个周末才再次想起来去扔的时候，橱柜里已经一片狼藉了：橱柜里满是虫子。最后，小南花了一天的时间打扫橱柜。

扔个垃圾而已，每次都想着，这次忘了，下次再说吧。但是总会下次又等下一次，直至垃圾成灾。做事情也是这样的道理，什么事情都不能拖延，事情拖得越久，麻烦往往会越大。

有人说"拖延等于死亡"，很多人感觉这是在危言耸听，其实不然。

我发小小伟最近感到自己的胸口有点疼，但是他自己毫不在意。我们好多朋友都建议他去医院检查一下，他拖着不去，还说："最近没时间去什么医院，我本来就很懒啊。"

两个月之后小伟身上的疼痛越来越厉害了，疼得实在是拖不下去了，于是才去了医院做检查。检查结果是胸腔积水，这个时候他才意识到自己这次真的是摊上大事了。

医生告诉他，如果早来医院，吃点消炎药、打几瓶点滴就可以了。现在病情严重了，需要进行手术治疗，如果再拖下去的话，可能就出人命了。

刚开始的时候不过是一个小毛病，拖一拖也没什么关系。但是等自己疼得没有办法忍受了，再去医院检查的时候，就会后悔没有早点来医院。也许这一次你的生命健康没有什么大碍，只能算你幸运。可拖延成习惯，以后每次还都能这么幸运吗？

大卫是美国某个火车站的火车后厢的刹车员，人特别机灵，对谁都是乐呵呵的，乘客和一起工作的同事都喜欢他。

一天晚上，一场突降的暴风雪使得火车晚点，这就意味着大卫需要加班了。和平时一样，他的嘴里开始不停地嘟哝："这个鬼天气，还让不让人活了，真是的，烦死人了！"他一边小声嘀咕，一边想着如何能够逃开这次加班。

屋漏偏逢连阴雨，因为这一场突来的暴风雪，一辆快速列车不得不改变原来的路线，几分钟之后就已经拐到大卫所在的轨道上了。列车长接到通知之后就马上给大卫发出了指令，让他拿着红灯到后车厢去。做过多年的刹车员，大卫知道这件事情的严重性，可他想到的是，后车厢还有一名工程师和刹车员，也就没有太在意。他还笑着和列车长说："老兄，不用这么着急，后面有人守着呢，我拿件外套就马上过去。"列车长很严肃地告诉他："人命关天，一分钟都不能等。那列火车马上就要进站了！"

大卫看到列车长这么严肃的样子，于是也很严肃地说："我知道了！"列车长听到答复之后，就匆匆忙忙地向发动机房跑去了。

大卫平时已经习惯了做事拖拖拉拉，以此来消磨无聊的加班时间，这一次也不例外。他想，后车厢还有人呢，安全着呢，没有列车长说得那么严重。他习惯性地喝了几口小酒，驱走身上的寒气，吹着口哨慢慢悠悠地向后车厢走去了。等到他快要靠近后车厢的时候，突然想起来这时候的后车厢是没有人的，因为在半个小时之前列车长已经把他们调到前面的车厢去处理事情了。

大卫慌了，快步跑过去，但是已经太晚了。那辆快速列车的车头撞上了前面的火车，紧接着就是巨大的声响和乘客的呼喊声。

有的时候，习惯性的拖延会带来不可忽视的巨大后果。看似只不过是不起眼的、小小的拖延症而已，和那些严重的问题距离远着呢。但其实不然，每一个细微的环节都和生命有关系。

心理学上说："习惯会变成无意识的大脑运作过程。"如果拖延的时间一长，那么大脑就会长时间地保持并记住这个状态，逐渐会将拖延变成一种习惯。当在面对需要及时解决的问题时，也会拖延不做。这就像是在滚雪球，滚得时间越长，球就会越大，而麻烦也将会越大，直至你已无力解决，可惜悔之晚矣。

3

PART 3

拖延心理的陷阱：
别找不到你人生出口的方向

◇ 走出校门，就要明白未来想要什么
◇ 拥有了计划，才可一步步向目标前行
◇ 目标要及时"检修"，不能一条道走到黑
◇ 执行自己的目标，绝不可有犹豫不决之心
◇ 设定了目标，就要设定完成目标的期限
◇ 先定一个小目标，无须挣他一个亿

◇ 走出校门，就要明白未来想要什么

　　人生好比一条奔腾的河流，在人生的道路上你需要克服很多困难，才能获得成功、自己才能得到提高。在这个过程中，有一点很重要，那就是要清楚你到底要的是什么。我们不仅仅只是为了工作而工作，也不是为了闲着所以去忙碌。那么，当你庸庸碌碌地走完半生后回望过去，就会猛然觉得自己既对不起时间，也对不起自己。

　　有一个青年非常勤奋，他希望在各方面都超越别人。他一直很努力，可是没有一点进展，他非常难过，于是就去请教一位智者。那位智者把他正在砍柴的三个弟子叫了回来，并且告诉他们说："你们把这位施主带到五里山，然后砍一担自己觉得最好的柴火。"于是三个徒弟就带着这位年轻人穿过湍急的河流，往五里山去了。

　　砍完柴以后返回，智者早已在原来的地方等待他们了。那位年轻人筋疲力尽地背着两捆柴火，蹒跚而来。另外两个徒弟一前一后，走在前面这个徒弟的扁担左右各担四捆柴，而后面的那个徒弟则十分轻松地跟着。就在这个时候，从远处划来一艘小船，那艘小船把第三个徒弟和那八捆柴火运送到智者面前。

　　这位年轻人和另外两个徒弟，对视以后便沉默了。唯独划木筏的小徒弟，与智者坦然相对。那位智者看到这种情况，便问："为什么这种表情，难道你们对你们的表现不满意吗？""大师能不能让我再去砍一次柴！"

那个年轻人请求说，"我一开始就砍了六捆，扛到半路，就扛不动了，扔了两捆；又走了一会儿，还是压得喘不过气，又扔掉两捆；所以最后，我只扛了两捆回来。但是，大师我真的已经尽力啦。"

大徒弟连忙说："师傅我们正好和他相反，我和老二刚开始每人各砍了两捆柴，然后我们四捆柴放到扁担里，一起跟着这位施主走。我和师弟轮换担柴，不觉得很累，我们觉得还算轻松很多。后来我们又把施主丢掉的柴火又捡了回来。"

坐木筏的小徒弟接着说："我年纪小，力气小，别说两捆柴，就算一捆柴我也背不动呀，更不用说从那么远的地方把柴背回来，因此我选择走水路……"

智者很满意自己徒弟们的表现，同时走到年轻人面前对他说："每个人走自己的路并没有错，关键是你要选择怎么样走这段路；选择了怎么走，不要管别人怎么看，这样也没有错，最关键的是你选择走的路是否正确。年轻人，你必须时刻牢记，选择比努力更重要。"

人一辈子最大的悲剧不是不知道自己要什么，是眼睛能看到前方，可是脚没有往前迈。成功不在于你打算如何走下去，而是在于你往哪个方向走、选择了什么样的路。没有正确的目标就永远不会到达成功的彼岸，有正确的目标而选错了路则更会令人感到悲哀。

百度创始人、CEO李彦宏的经历中有很多个恰好：恰好就读于信息管理专业，恰好遇到富有远见的导师，恰好到一家高成长公司"实战"，恰好在互联网最火的时候拿的了最后一笔风险投资，恰好国内的搜索领域竞争很激烈……除了幸运，可谁又知道李彦宏真正成功的法宝是什么呢？

和其他富翁的发家史不同的是，李彦宏的经历就是一个"乖孩子"的完美版本。每一个成功人士的一生中都有从"辅路"跨上自己事业"主路"的过程。对于不善言谈的李彦宏来说，在他十九岁那年，这样的时刻便到来了，可能连他自己都知道。那一年他考入北京大学信息管理专业，此后他所做的一切就直奔今天的成功而来。

李彦宏很快地成为国内搜索领域的先驱，对他帮助最大就是他在美国的导师，这是他到了美国以后遇到的第一位智者。这位计算机科学专业的导师预见到未来市场对信息检索的要求，要求李彦宏做信息检索的研究，而不是导师自己所研究的专业。

在他毕业后，李彦宏找到一份工作，这是一家给《华尔街日报》做网络的公司。在这家公司，李彦宏是唯一做实时金融新闻的检索系统的人。据说，他当年设计的实时金融系统，现在仍应用于华尔街各大公司网站。这个公司的老板是一位很具才华的耶鲁博士，他开公司赚了钱，也从技术和观念上给予了李彦宏足够的帮助。

1997 年夏天，李彦宏来到 Infoseek 公司，"猎"到他的工程师把自己对搜索系统的全套"武艺"教给一点就通的李彦宏，同时告诉他，创立一家公司会遇到什么。对于自己积累的经验，李彦宏甚至写成了一本书——《硅谷商战》。

实际上，李彦宏羽翼渐丰时，回国创业的念头便已经萌生。1995 年以后，李彦宏多次回国，非常热切地希望能在当时的互联网热潮中做些什么。"张朝阳、丁健等早期做互联网的，我都跟他们谈过，也是要看到底有什么机会。"而当时之所以没回来，李彦宏解释说，是因为"感到中国还不需要搜索这个技术，大家都在做概念"。

直到 2000 年，几乎是在互联网最后的热浪时期，这位技术工作者才抱着复杂的心情，开始回国创业。直到现在，李彦宏仍然努力向媒体说明，他回国创业的时间不是晚了，而是恰好："我回来并不晚。当时大家觉得搞互联网困难，一遇到困难，他就需要新的渠道。这正好迎合了百度针对的市场。"

那都是百度早期的故事了，那段时间，整个中国搜索行业都处于"初级"阶段。2000年5月，百度签约第一个客户硅谷动力。然而，就在这一年，纳斯达克高科技股崩盘，网络经济的泡沫一夜间破裂，百度也遇到了第一个生死存亡的关键时期。所幸2000年9月，李彦宏成功融资一千万美元，在危机中站稳了脚跟。

人生中都有坚持的时候，对于并不固执的李彦宏来说，这样的时刻在2001年8月发生了。在那段时间里，李彦宏成功地说服了董事会和公司同事，他将整个公司进行了一次大的战略转型。2001年年初，李彦宏提出了他以前一直希望的对于搜索引擎赢利模式的想法：公司竞价排名。也就是说，搜索引擎公司收取企业费用，使其在可能的搜索页面上优先排序，这样可以帮助企业的潜在客户直接指向企业网站进行访问，从而赢得新客户。

李彦宏提出的方案几乎没有支持者，报告交给董事会以后，一片反对意见。最后没人赞成他的意见，可是方案还是通过了，包括那些最为保守的董事。"他们与其说对我的计划有信心，不如说被我的坚持所打动。"李彦宏这样评价自己当年为自己的选择所作出的坚持。

而正是这样一步步地坚持，一步步地正确选择，才成就了李彦宏，也成就了百度的今天。

毕业后走出校门，我们选择了一份可以糊口的职业。但这份工作并不那么容易，努力了，但就是做不到最好。有的人会指责说你工作态度有问题，要真努力工作了，岂有做不好之理？于是我们诚惶诚恐，加倍努力，拼命加班。其实，归根结底并不是我们不够爱岗敬业，而是职业本身并不是最适合我们的。换句话说，要把一项工作做得得心应手，我们必须选择一个正确的目标。那么，原来选错了怎么办？不要留恋，放弃它，去把握属于你的正确方向。

李开复读书选专业时也曾走过"世俗"的道路，他选择了法律专业。一年多以后他才觉得自己其实对法律并不感兴趣，但对于计算机，他具有浓厚的兴趣。在他的老师的鼓励下，审慎地分析了自己未来的成长目标。大二时，李开复决定转入哥伦比亚大学没有名气的计算机系。现在回想起来，李开复非常感慨："若不是那天的决定，今天我就不会拥有计算机领域的成就，很可能只是在美国某个小镇上做一个既不成功又不快乐的律师。"

二十一世纪的今天，选择比努力更重要，努力一定要放在选择之后。昨天的选择决定今天的结果，今天的选择决定明天的结果。选择不对，努力白费，刚毕业的你做出正确的选择了吗？

◇ 拥有了计划，才可一步步向目标前行

有种拖延叫忙中出错。很容易理解，出错了，就要花时间纠正，这样自然耽误了做事的进程。如何保证执行不因为走弯路而耽误事情，这就需要有一个周密的计划。计划不仅仅是做事的流程，是执行的保证，还是实现目标的蓝图。

一位身怀六甲的妈妈，她不仅要细心呵护腹中的胎儿，还要开始制定日后的育婴计划。唯有如此，孩子才会得到系统性的教育，全面发展自己的才能。对待欲望也应如此。你已经感觉到，欲望在你内心深处蠢蠢欲动，这时，你所要做的就是培育你的欲望，并制定出切实可行的计划将其实现。计划，就是实现目标的蓝图。在它的指引下，你将步步为营，稳扎稳打，告别拖延症、提升执行力，向着正确的方向前进。

有一位年轻的猎人，虽然他已经跟着老猎人狩猎了很多次，但从来没有自己单独干过。终于，他盼来了单独行动的机会。这是自己第一次行动，他十分兴奋，逢人便讲自己要一个人去打猎了。人们对他表示祝贺，但也不断提醒他要检查好自己的枪支弹药。这位年轻人信心满满，对他人的善意提醒置若罔闻。

由于兴奋，这位年轻人晚上没有睡好。第二天，一早就出门了。

老猎人提醒他说："你先把子弹装入枪膛中，这样遇到猎物，你就可以马上开枪。"

"没有必要。要知道我装子弹的速度是最快的。"年轻的猎人回答道。

没过多久，他在河岸边发现了一大群野鸭。他很高兴，马上掏出子弹，装入枪膛。但是，装子弹时的轻微声响已经惊动了这群警惕性很高的野鸭，它们马上飞走了。

年轻的猎人很后悔，心里暗暗自责："早知道就把子弹装好了。"

不过，他又宽慰自己："时间还早，这只是些小猎物，而且现在子弹已经上膛了，看我打一个大猎物带回去让他们瞧瞧。"

好运似乎落在了这位第一次单独行动的猎人身上。没走多久，他就发现了林中有一头正在觅食的麋鹿。"这可是个大猎物！"他暗自高兴。于是，他马上举起枪，屏气凝神，瞄准，果断扣动扳机。但是，只听到"咔"的一声扣动扳机的声音，枪没有响，子弹并没有被击发出去。原来他的扳机出了问题。

"真是倒霉！怎么第一次单独行动，就遇到了这么多倒霉事。早知道，我就该听别人的，在前一天将猎枪也好好检查一下。"更让他沮丧的是，麋鹿听到扣动扳机的声音，已经消失在树林中。

机会一再错失。结果，这位年轻的猎人一无所获地返回了村子。

年轻的猎人盲目地自信乐观，既不去检查自己的装备，又不愿意倾听他人的意见，最终落得被人讥笑的结果。可见，无论做什么事情，事前必须要有所计划和准备。在制定计划的过程中，必须对将来会出现的情况有所预测，分析哪些事情可能会发生，哪些事情可能成为自己的阻力，自己应该采取什么样的方法来解决出现的问题……经过缜密的思考之后，就可以规划出自己的行动蓝图，并根据这一蓝图做好准备，积极应对可能出现的问题。

制定出适合自己的计划，往往会起到事半功倍的效果。一个适合自己的计划，可以发挥自己最大的潜力；一个适合自己的计划，可以减轻忧虑、急躁、自我怀疑等负面心理对自己的影响；一个适合自己的计划，可以使成功的步骤变得更加简洁明了。

对日本运动员山本田一来说，正是制定出了适合自己的计划，才让他获得了 1984 年东京国际马拉松邀请赛的冠军。山本在他的自传中这样总结自己的比赛经验："在每一次比赛之前，我都会将比赛沿途一些比较醒目的标志记录下来。例如，第一个标志是博物馆；第二个标志是银行；第三个标志是一座别具一格的房子……就这样，当比赛还没有正式开始的时候我就将这些标志作为征服的目标，每当经过一个目标的时候就会觉得自己又获得了一次巨大的能量。在这样不断的征服中轻而易举地跑完整个路程。"

山本通过制定合适的计划，使自己登上了成功的顶峰，获得了冠军的荣誉。这样的计划看起来不难制定，但是很多人却根本没有计划意识。面对将要发生的事情，我们大义凛然、意气风发。"兵来将挡，水来土掩"，我们常常这样自我暗示。可是要知道，如果没有事前的计划，我们何以找到好用的"将"、充足的"土"，我们又怎能从容不迫地面对一触即发的危局。如果没有计划意识，一个人对于自己内心欲望的感知必然是模糊的，那么他所走的每一步也必将是混乱的。

计划，是一个人对于自身的了解，是一个人对于事件发展的预判，也是一个人解决问题的蓝图。拥有计划意识，是每一个想要实现自己欲望的人必不可少的素质。如果你仅仅满足于在头脑中幻想欲望的实现，那么你当然不必劳神费思地制定计划、规划蓝图。但是如果你希望把自己的欲望变为实现，那么拥有计划意识，制定一个适合自己的计划就是成功路上的关键一步。

◇ 目标要及时"检修"，不能一条道走到黑

我们都知道，计划对于一个人的工作起着至关重要的作用。有了计划和目标，我们的行动才有指引作用。就连那些指挥作战的军事家，他们在战斗开始前，也都会制定几套作战方案；企业家在产品投放市场前，也会制定一系列的市场营销计划。我们学会制定计划，其意义是很大的，它是实现目标的必由之路。然而，计划是否完备、是否万无一失、是否在执行的过程中与原定目标逐渐偏离，还需要我们在做事的过程中经常检查。

可能你曾有这样的经历：当上级领导交代给你一件任务，你也为此做了精心的准备，制定好了实施方案，在整个执行的过程中，你一鼓作气，认为完美无瑕，而当你把工作成果交给领导时，却被领导批评这份成果已与原本的任务目标背道而驰。这就是为什么我们常常被上司、领导以及长辈教导做事一定要带着脑子，一定要多思考，以防偏差。

我侄女娜娜是一名高三的学生，还有三个月，她就要上"战场"了。这天周末，我们家族所有亲戚聚会，在饭桌上时，大家的话题很容易便转到娜娜高考这件事上了。其中娜娜和她姑姑的对话让我印象很深刻：

姑姑问娜娜："你想上什么大学啊？"

"内大。"娜娜脱口而出。

"我记得你上高一的时候跟我说的是北大，那时候你信誓旦旦说自

己一定要考上，现在怎么降低标准了？娜娜，你这样可不行。"

"哎呀，姑姑，咱得实际点是不是，高一的时候，树立一个远大的目标是为了激励自己不断努力，但到了高三了，我自己的实力如何我很清楚，我发现，考北大已经不现实了，如果还是抱着当初的目标，那么，我的自信心只会不断递减，哪里来的动力学习呢？您说是不是？"

"你说得倒也对，制定任何目标都应该实事求是，而不应该好高骛远啊，看来，我也不能给我们家娜娜太大压力，让她自己决定上哪个学校吧。"

这段对话中，娜娜的话很有道理。的确，任何计划和目标，都应该根据自身的情况和时间段，不切实际的目标只会打击我们的自信心。诚然，我们应该肯定目标的重要意义，但这并不代表我们应该固守目标、一成不变，很多专家为那些求学的人提出建议，要不断调整自己的目标。也许你一直向往清华北大、一直想能排名第一，但是根据第二步的分析，如果这些科目经过努力仍无法提高的话，就应该调整自己的目标，否则不能实现的目标会使你失去信心，影响学习的效率，因此有一个不切实际的目标就等于没有目标。

其实，不仅是学习，在工作中，我们也要及时调整自己的计划，做事不能盲目，工作的第一步应该是明确自己的目标，有目标才会有动力，有了动力才能够前进。但在总体目标下，我们可以适当调整自己的计划，这正如石油大王洛克菲勒所说的："全面检查一次，再决定哪一项计划最好。"任何一个初入职场的年轻人都应该记住洛克菲勒的话，平时多做一手准备，多检查计划是否合理，就能减少一点失误，就会多一份把握。

在做事的过程中，当我们有了目标，并能把自己的工作与目标不断地加以对照，进而清楚地知道自己的行进速度与目标之间的距离时，我们的做事成果就会得到维持和提高，自觉地克服一切困难，努力达到目标。

思维指导行动，如果计划不周全，那么，就好比一个机器上的关键零件出问题，那就意味着全盘皆输。一位名人说得好："生命的要务不是超越他人，而是超越自己。"所以我们一定要根据自己的实际情况制定目标，跟别人比是痛苦的根源，跟自己的过去比才是动力和快乐的源泉，这一点不光可以用在工作上，在以后的生活中都用得着，这对你们的一生将会产生积极的影响。

另外，计划里总有不适宜的部分，对此，我们需要及时调整。也就是说，当计划执行到一个阶段以后，你需要检查一下做事的效果，并对原计划中不适宜的地方进行调整，一个新的更适合自己的计划将会使今后的工作更加有效。

因此，你可以把自己的目标细化，把大目标分成若干个小目标，把长期目标分成一个个阶段性目标，最后根据细化后的目标制定计划。另外，由于不同的工作有不同的特点，所以你还应根据手头任务制定细化的目标。细化目标也能帮助我们及时调整自己的目标。

总之，我们应该根据自己的实际情况，制定一个通过需要自己的努力能够实现的目标，并且目标的制定不是一成不变的，要根据实际情况不断进行调整。经过一段时间的实践，你一定能够确定一个给自己带来源源不断动力的目标。

◇ 执行自己的目标，绝不可有犹豫不决之心

对于现实中的人们来说，我们每时每刻都要面对着很多选择。如何做出正确的选择，这关系到我们利益的最大化。许多人面对着多种利益选择，总是希望自己能够将全部的利益都收入囊中。这种贪大求全、锱铢必较的心态往往会使自己陷入畏首畏尾、顾此失彼的境地。

犹豫不决、当断不断，几乎成为大多数人必须战胜的危险敌人。

站在人生十字路口上，我们总要去选择一个方向。周密计划、瞻前顾后，固然能降低出错的概率，但往往也会让我们付出错失良机的巨大代价。与其眼睁睁地看着机遇旁落，不如果断做出决定。因为关乎人生方向的抉择，从来都不是一道或对或错的选择题，任何一个决定都不可能达到尽善尽美境界。未来永远都充满未知和不确定，我们所能做的，就是当机会出现时，第一时间紧紧抓住它。

成功学大师拿破仑·希尔在他二十五岁那年，作为一名记者的他有机会采访钢铁大王卡耐基。起初，采访过程进行得很顺利，可令人意外的是，卡耐基突然提出了一个问题："你是否愿意接受一份没有报酬的工作，用二十年时间来研究世界上的成功人士？"

没有报酬的工作谁也不会愿意接受，而有机会接触到全世界最成功的人士，又是希尔一直以来的梦想。二者相权，让他一时有些为难。可是，他突然意识到，这一定是一项具有挑战性的工作，一个人的人生不应该

在平淡中度过。于是，他没有多做考虑，坚定果敢地回答："我愿意！"

对于如此迅速的回答，卡耐基有些意外："你真的考虑好了吗？"

"是的，我愿意！"希尔更加坚定地说。

卡耐基露出满意的笑容，指着手表说："年轻人，如果你回答的时间超过六十秒，你将无法得到这次机会。我已经考察近百位年轻人，没有一个人能够如此迅速地给出答案，这说明他们过于优柔寡断。所以，我认可你。"

在那以后，通过卡耐基引荐，他有幸采访到像爱迪生这样的世界知名人士。在短短几年时间，他结识了社会各界卓有成效的社会名流近五百余人。他把这些人的成功经验写成一本著作——《成功规律》。此书一经问世就遭到了疯抢。

通过二十年的努力，希尔不仅成为美国享有盛誉的学者、演讲家、教育家和拥有万贯家财的畅销书作家，还成为美国两届总统——威尔逊和罗斯福的顾问。

在回忆自己成功的经历时，希尔说："果断是成功的救命草。没有那天我坚定的应答，就没有今天的成就。"在通往成功的道路上，我们每个人都能得到相等机会，而差别就在于我们是否能够把握住这些机会。

一个人总是前怕狼后怕虎，总是徘徊不定，只会让自己陷入尴尬两难的境地。有些事迟迟无法决定，时间拖得越久，就会在各种矛盾纠结中越发痛苦，直到丧失大好良机。古往今来凡成大事者，都有一个共同的特点：处事果决，当机立断。足球教练在比赛中能够果断换人就能扭转败局；军事家在战斗中能够果断出击就能够把握战机；企业家在商场中能够果断决策就能够无往不利。

美国默卡尔集团董事长菲利博·默卡尔曾经讲过这样一个故事：

1975 年 3 月，墨西哥发生了猪瘟并且波及牛羊等家畜。听到了这则消息，当时还是一家小型肉食加工公司老板的默卡尔突然意识到，这是一个千载难逢的商机。因为如果墨西哥暴发猪瘟，靠近墨西哥的加利福尼亚州和德克萨斯州也一定不能幸免。这两个州是美国肉食的主要供应地。到时候，肉食供应肯定会紧张，肉价会一路飙升。

在其他人还在犹豫不决、麻木不仁时，默卡尔果断做出决定：集中公司全部资金，动用公司全部人力，在猪瘟到达以前到加利福尼亚州和德克萨斯州购买大量猪肉和牛羊肉。不到一个月时间，默卡尔的公司就准备了足够多的肉类食品。

果不其然，墨西哥的猪瘟蔓延到了美国。为了防止事态的恶化，政府下令：禁止加利福尼亚州和德克萨斯州的肉类食品外运。这导致美国国内肉类食品短缺，价格暴涨。仅用了八个月时间，默卡尔的一个果断决策就净赚了一千五百万美元，为他以后的事业奠定了雄厚基础。

有人说，人生每天都是一个崭新的开始，我们能左右的就是出发还是等待。生活中的机遇比比皆是，但机遇就像天空的闪电，稍纵即逝。因此，要抓住机会，果断决策，心动之后立即行动。

英国小说家艾略特说："世上没有一个伟大的业绩，是由事事都求稳操胜券的犹豫不决者创造的。"果断的人为了获取成功，往往敢于挑战风险，即使做出错误的选择也能够迅速得以纠正。所以，不要因为害怕失败而瞻前顾后，大的成就往往始于果断地行动。

◇ 设定了目标，就要设定完成目标的期限

有没有意志力完成一件事，很多时候是对自己要求严不严的结果。为自己设定一个期限，从某种程度上就会强化完成事情的意志力。缺乏意志，做事就会出现拖延现象。

"拖延"二字，本身就包含着难以到达目标的意思。拖延会给我们的生活带来严重的干扰，以致我们几乎无法完成所设定的目标。即使最终完成了目标，其间也经历了很多痛苦的挣扎。

经常拖延的人，很难确定奋斗目标，因为他们经常忙着设定目标，但所设定的目标又总是模棱两可，或者缺乏时间期限。比如，"今天我得做完一些事"或"我准备在几个月的时间里完成这项工作"。如果以这样的方式设定目标，不仅目标含糊不清，完成的时间也没有限制，反而更容易引发拖延的问题。

十九世纪浪漫主义时期的伟大诗人柯勒律治，本来可以取得辉煌的成就，但本该属于他的荣誉却被授予了与他同时代的威廉·华兹华斯。

柯勒律治的悲剧就是因为他那已经到了无可救药地步的拖延症。他会推迟承诺完成的作品十几年之久。他诗篇中非常著名的，甚至到了今天还依旧被英国文学课堂广泛学习的篇章，都可以从中窥探出他拖延的痕迹。如《克里斯德蓓》《忽必烈汗》……很多都是以未完成的形式发表的。而让人惊叹的是，就是这未完成发表的作品，都离他动笔相隔二十年之久。

虽然《老水手行》是完整的，但也推迟了五年才付印。

拖延也给柯勒律治带来了很坏的影响。作家莫莉·雷菲布勒在《鸦片的束缚》一书中这样描述："他的存在变成了连绵不断的拖延、借口、谎言、人情债、堕落和失败的不快经历……"

同时，财务问题充斥着柯勒律治的生活，尽管大多数项目计划周密，但却很少启动或完成。他的健康状况也一塌糊涂，而鸦片成瘾又加剧了健康的恶化，他整整拖延了十年才去接受治疗。日益逼近的截稿期限所带来的压力，也消解了工作本身的乐趣。他说："一想到我必须加快步伐出稿，写作时最惬意的时光就会戛然而止。"因此，他也失去了仅有的几个朋友，他的婚姻也因拖延而告吹。

柯勒律治本该是一位能够获得巨大成功的伟大诗人，却因拖延而失去了成功的机会，甚至还因此失去了财富、健康与幸福。可见，要想不让自己步柯勒律治的后尘，就必须要坚强的意志力战胜拖延。

做事因缺乏意志力而拖延，说白了就是搁着今天的事情不做，而留到明天去做，在这种拖延中所耗费的时间、精力足以将那件事做好。整理以前积累下来的事情，可能会使人感到非常不愉快。很多人都会有这样的心理，本来当初一下子就能轻松愉快地做好的事，拖延几天、几周之后，就显得惹人讨厌与困难了。所以，拖延不仅是完不成事情，而且还会给自己带来负面情绪。既然如此，为什么不当时就完成呢？对那些喜欢拖延的人来说，给自己设定一个完成任务的最后期限，并且要自己严格遵守，不可超过这个期限。坚持下去，就会发现自己正在渐渐远离拖延这个坏毛病，自控力也一步步地不断提升。那么，怎样才能做到在期限内完成任务呢？

首先，计划好自己完成任务的时间。

准备完成一项工作或任务时，提前给自己设定一个截止日期，规定最晚在什么时间完成。否则，可能要花费比实际需要的多几倍的时间才能完成，不仅不利于工作或任务的顺利进展，还会加重拖延现象，不利于意志力的培养与提升。

计划好自己的时间，将工作或任务之外的事情都考虑进去。如休闲、运动或陪家人的时间等，不要将这些因素作为借口进行拖延。

如果没有空闲时间，不妨随身携带一个未完成任务的列表。如果有空闲时间，可以做一些有计划性的休闲活动，或进行一些思考。

不要在没完成任务时进行毫无计划的放松，尤其是在给接下来的工作确定了截止日期的情况下。如果不好好控制时间，就可能打破截止日期，浪费时间。

其次，设定专注时间，让工作更高效。

在工作中出现拖延迹象时，不妨给自己设定一个专注时间，并开始倒计时。这样，心理上就会产生紧迫感，从而促使自己更加集中注意力完成任务。

这种方法很有效，也更易于操作，是一种化整为零的思想。

设定二十分钟为一个工作的专注时间段。在这二十分钟内，必须专注于眼前的工作，不受任何干扰，直到二十分钟的闹铃响起。

休息五分钟，可以做做深呼吸，或到户外活动一下，让自己的身心适当放松，然后再设定下一个二十分钟的专注时间段。

如果二十分钟还是让你感到无法承受，那么可以先设定较短的时间段，如十分钟、五分钟，甚至一分钟的期限。如果在这个期限内能专注工作了，就试着适当增加专注时间段的长度。

当在工作时间段内被干扰或无法继续下去时，可以看一下工作时间段的剩余时间，然后暗示自己再坚持几分钟就结束了，从而锻炼自控能力，不让自己拖延。

最后，尝试"创造性拖延"。

所谓"创造性拖延"，就是在完成工作的期限之内，重新调整需要优先处理的短期工作（或步骤）。比如将自己喜欢的那部分工作（或步骤）提前完成，而将自己不喜欢的那部分推后完成，这样也能够实现总体的工作目标，并且还能避免精力的耗费。

要注意的是，优先处理的短期工作必须与总体目标有关，不能是其他的无关工作。

◇ 先定一个小目标，无须挣他一个亿

最近网络上流传着一句话，也成为众多人开玩笑时的语言，就是王健林的那句："先定一个小目标，挣他一个亿。"这句话被很多网友调侃。但这里，我是想将这句话的前半句——先定一个小目标，作为任务出发点。

俞敏洪是一个善于将大目标分解为许多小目标的高手，他认为，如果将创业目标比作大房子的话，那么达到终极目标的路程就是一个建造大房子的艰难过程。漂亮美观的大房子，是由一块一块砖头垒起来的，这一块块的砖头就是一个个被细化了的小目标，没有它们，作为终极目标的大房子就不可能建造起来。

俞敏洪的父亲是个木匠，在家乡一带小有名气，所以在村子里，只要有人家盖房子，一般都会请他的父亲去帮忙。

俞敏洪从小就发现父亲有一个奇怪的爱好，喜欢捡拾碎砖头。因为他父亲常帮别人建房子，每次建完房子，他都会把别人丢弃不要的碎砖乱瓦捡回来，或一块两块，或三块五块。有时候在路上走，看见路边有砖头或石块，他也会捡起来带回家。

这样久而久之，俞敏洪家的院子里就多出了一个乱七八糟的砖头碎瓦堆。在俞敏洪看来，这无疑是一个累赘，没有用处的砖头碎瓦堆在家里，只会让原本不大的院子显得更加狭小、凌乱。

然而，等砖头碎瓦堆积到一定的高度后，俞敏洪的父亲开始在院子

一角的空地上测量、开沟挖地基、和泥砌墙，用那堆碎砖左拼右凑，一间有模有样的小房子拔地而起。房子建好后，父亲把养在露天到处乱跑的猪和羊赶进小房子，再把院子打扫干净，干净漂亮的房子和院子形成了一个和谐的整体。俞敏洪的家就有了全村人都羡慕的院子和猪舍。

父亲做的这件事给俞敏洪留下了深刻的印象，在当时小小年纪的他看来，父亲就像一个魔术师，竟然把一堆无用的碎砖瓦，变成了一间美丽的房子。他觉得父亲很了不起，这件事也深深影响着俞敏洪此后做人做事的态度，无论是在上大学的日子里，还是在新东方的创业历程中，这种精神力量一直激励着俞敏洪，也成了他做事的指导思想。

俞敏洪认为："从一块砖头到一堆砖头，最后变成一间小房子，我父亲向我阐释了做成一件事情的全部奥秘。一块砖没有什么用，一堆砖也没有什么用，如果你心中没有一个造房子的目标，那么拥有天下所有的砖头也是一堆废物。如果只有造房子的想法，而没有砖头，目标也没法实现。当时我家穷得几乎连吃饭都成问题，自然没有钱去买砖，但我父亲没有放弃，日复一日地捡砖头碎瓦，终于有一天有了足够的砖头来造心中的房子"。

因此，俞敏洪在做事之前，一般都会问自己两个问题："一是做这件事情的目标是什么？因为盲目做事情就像捡了一堆砖头却不知道干什么一样，只会浪费自己的生命；二是需要多少努力，才能够把这件事情做成？也就是需要捡多少砖头才能把房子造好，之后就要有足够的耐心，因为砖头不是一天就能捡够的。"

做任何事都要先明确自己的目标。正如俞敏洪所说："把所有的小目标加起来就是一个大目标，就像搬砖头一样。你搬一辈子的小砖头，就永远办不了大事，但是你有一个目标，要造房子，你就能成功。"

　　庄子说："水之积也不厚，则其负大舟也无力。"意思是说，如果积水不够深，那么船就不能在上面行驶。由此可见，任何的成功都是由无数个小成功积累而来的。管理企业同样如此，企业领导者只有沉下心来，脚踏实地做好每一件小事，企业才会有持续发展的可能。

4

PART 4

拖延心理的伤害：
它会成为压垮你内心的稻草

◇ 人生的大部分恐惧，都是因为拖延而导致

　　强有力的行动是治愈恐惧的良方，而犹豫和拖延将不断地滋养恐惧。在《少有人走的路》中，派克说："人大部分的恐惧都与拖延有关，我们常常会害怕改变，其实都是因为自己太懒了，懒得去适应新的环境，懒得去学习新的知识，涉足新的领域，但如果总是这样的话，如何能让自己成熟起来呢？"可见，拖延是恐惧产生的重要原因之一。

　　我曾经在一本书中看到一段话，这段话生动地讲述了拖延的心态："这就像一个跳得很高的跳高运动员。你训练了几个月，在身体和精神上已经调整好了自己，一遍又一遍地尝试跳过横杆并打破纪录。然后，当你终于下决心开始跳了，新的担忧和恐惧马上袭来：如果我跳得比之前高了，别人会怎么做？他们会不会把横杆升高？当诸如此类的担忧越来越多时，拖延自然成为必要的第一选择。从拖延到恐惧，到痛苦，一直恶性循环。"

　　要克服这种恐惧、害怕和担忧，我们要做的就是在行动之前必须充分地酝酿，一旦下定决心，就应该果断地行动，当你越是积极地行动，就越能够驱散内心的恐惧。

　　我有个同学，大学毕业后就在我们当地结了婚。有了孩子后，她就成为一个全职家庭主妇。这样枯燥的人生让她很恐惧，她想着：难道我一辈子就这样了吗？她不甘心，想开一家书店。但当她把想法告诉了家人后，没有人愿意支持她，都想不明白为什么她有的孩子不照顾，要出

去做这样一个生意。她的丈夫也问她，到底在犯什么病，但我这个同学坚定地和她的丈夫说："我承认，我开书店是带有自己的理想和情怀的。但我也并非只是为了满足自己的一个愿望和糟蹋钱。我在决定要开书店后，是做了十分详细的考虑和分析，也对市场做足了调研，有了详细的运营策略。现在虽然还没有开始，但我已经对这家书店做了最好和最坏的打算。如果书店好起来，能增加城市人口的阅读量，我觉得我做了有意义的事，不管对这个城市，还是对我们这个家庭；如果书店经营不善，亏本了。我现在也有了预算，亏多少都在我的控制范围内。所以，当我现在做好了所有的准备，我就会第一时间让书店运营起来。"

我这位同学的行为才是不拖延的特征，也就是不害怕失败，也不恐惧成功。她能做到这一点很重要的原因就是，她不害怕改变，她能把控失败。事实上，能够审视和接受其某些行为带来的改变，都是对付拖延的最好的办法。

但凡在某个领域做出重大成就的人都是货真价实的行动派。他们从不屈从于惰性，无论做什么事情都雷厉风行。比如，高产作家威尔斯成功的秘诀就是有了灵感立即记下来，绝不让自己思想的火花稍纵即逝，即便到了深夜，只要大脑在电光石火的一瞬涌现出了灵感，他也不会因为想要睡觉就把工作拖到第二天，而会马上打开电灯，拿起放在床头的笔，马上记录灵感，然后才肯就寝。

伟大人物会因为及时行动而获益，普通人也会因为及时实践自己小小的想法而获得意想不到的收获。

保险业务员曼利·史威兹有两大爱好——钓鱼和打猎，他喜欢带着钓竿和猎枪走进森林深处，有时一连在森林里待上好几天，尽管又脏又累，可是回家后却感到无比快活。钓鱼和打猎占用了他很多时间，每次离开宿营的湖边，即将投身到保险业务工作时，他都感到无限眷恋，在大自然中自由畅游的感觉是多么美好啊，他真不愿意抽身出来。

突然，他的脑海里闪现出一个想法：在荒野里宿营和打猎的人也需要买保险，他清楚有不少人喜欢在森林中探险，那是一个庞大的潜在市场，如果他能把握机会，完全可以边狩猎边工作。阿拉斯加公司的员工、居住在铁路沿线的猎人和矿工都能成为他未来的客户。

曼利·史威兹说做就做。制定好计划后，他一点时间也不愿耽搁，立即启程前往阿拉斯加，沿着铁路步行，广泛接触沿线居民，人们送给他"步行的曼利"的称号。

曼利·史威兹深受那些潜在客户的欢迎。他经常到他们家里做客，与其建立起友好的关系。

一年以后，他签下了大量的保单，销售业绩一路猛涨，获得了不菲的收入。与此同时，他还能继续在森林里钓鱼，打猎，工作生活两不误，过上了人人羡慕的美好生活。

无论我们追求什么，总是要付出成本的。计划再完美，如果迟迟不去行动，只会颗粒无收。与其临渊羡鱼，不如退而结网，不要羡慕别人，也不要将希望寄托于虚无缥缈的明天。从今天起，从此刻起，只要下定了决心，就马上去行动，别让拖延成为滋生恐惧心理的温床。

◇ 拖延会卸掉勤奋的马达，让你永到不了巅峰

发明家爱迪生说："天才，就是 1% 的灵感加上 99% 的汗水。"无论你拥有怎样的天资，唯有勤奋才能让你收获成功。勤奋就是坚持不懈地努力，而所有的赞誉和掌声只是这种努力后所达成的结果。所以，我们羡慕别人能够享受高品质的生活时，为这个世界的不公而心生抱怨时，不如扪心自问：你是否是一个懒惰的人，是否做什么事情都一天拖一天，你真的足够勤奋了吗？

拖延是一个很神奇的东西，它能够卸掉你身上一切积极的配件。当你想开足马力，勇往直前时。拖延会在内心告诉你：这么多事情，今天怎么能做完，明天再做吧，从明天开始也不晚。当你听从拖延的建议，你将会发现，你离勤奋就越来越远，离成功更加是遥不可及。

当被问及成功的主要原因时，比尔·盖茨回答说："工作勤奋，我对自己要求很苛刻。"无独有偶，NBA 的传奇巨星科比在谈及自己成功的秘诀时也曾说道："我知道每天凌晨四点时洛杉矶的样子。"

天道酬勤，一个人的成功总是缘于他的勤奋。一分耕耘，才能有一分收获，在通往成功的道路上，无不浸染着勤奋拼搏的血汗与泪水。我们只有奋发图强，坚持不懈，永不气馁，才能成功地实现自己的人生价值，才能得到幸福而激扬愉悦的人生。

菲尔普斯是当今泳坛的一段传奇，被誉为"永远不老的飞鱼"。他

有着比一米九三身高还多出七厘米的超长臂展，肺活量是一般人的两倍。很多人都认为，他之所以能够在泳池里创造出一个又一个奇迹，都是得益于万里挑一的身体天赋。殊不知，那些被掩盖在金牌背后外人无法看到的付出，十几年如一日的辛勤汗水，才是真正激发他潜能极限的力量。

菲尔普斯说，只有天赋，你永远无法赢得那些奖牌。他从十一岁起就以夺取奥运会金牌为目标，开始极其艰苦的训练，正常孩子的娱乐活动从此与他远离；他每天都会在早晨五点三十分左右起床去训练，即使圣诞节也不例外。训练严格时，他每周至少要在水里游一百公里。

没有这种坚持不懈的奋斗，没有这些超出常人的付出，就不会有世界纪录被一次次打破的精彩，他就不会成为泳池奇迹的缔造者。

菲尔普斯用自己的实际行动证明了，成功不只取决于天赋，更重要的在于你是否愿意为了1%的可能付出99%的汗水。很多人虽然天赋不错，虽然家境优越，但却疏于勤奋，不肯付出努力，总是在各种不切实的幻想中度日，最终只能是两手空空，一无所获。

中国著名作家冰心的《繁星》里有这样一句话："成功的花，人们只惊慕她现时的明艳，然而，当初她的芽儿，浸透了奋斗的泪泉，洒满了牺牲的血雨。"每一位成功者的成长历程，所堆积的乃是超越常人的辛勤的付出。人生想达到一定高度，就必须不断攀登，哪怕疲惫不堪，哪怕伤痕累累，也要一步步向上爬，唯有如此才能登上人生的顶峰。所以，机遇和荣誉总是垂青勤奋者，我们要有一颗充满激情的进取心，以自己的理想为目标，发奋图强，矢志不移，我们就能达到成功的彼岸。

斯蒂芬·金是世界著名的恐怖小说作家，他成长的经历十分坎坷，最潦倒时连电话费都交不起。但凭着自己的努力，终于成为享誉全球的文学大师。谈起他成功的秘诀，只有两个字：勤奋。

　　每天天亮时，他就会伏在打字机前，开始一天的写作。一年三百六十五天，他几乎都是在文学创作中度过的。他允许自己休息的时间只有三天：生日、圣诞节和独立日。

　　勤奋给他带了永不枯竭的灵感。其他作家在没有灵感时就会去做别的事，让自己的心情得到放松。但他在没有什么可写的情况下，仍然坚持每天写五千字，以此来保持创作的状态。

　　有人说，阳光每天的第一个吻，肯定是先落在勤奋者的脸颊上。而斯蒂芬·金无疑就是这个幸运的人。

　　人生长路，步履维艰。只要我们远离拖延，以勤奋为准则，以不断进取为动力，永不停下向前的脚步，永不放弃自己的理想，即便生活中充满了荆棘与坎坷，我们也一定能拥抱成功的希望与辉煌。

　　德国政治家威廉·李卜克内西说："才能的火花，常常在勤奋的磨石上迸发。"勤奋是走向成功的唯一途径，没有勤奋，天才也会变成傻瓜。世界上从来没有不劳而获的美好，拖延从来不会带给人成功。我们只有通过勤劳的付出，才能获得丰硕的成果。

◇ 当你沮丧失望时，拖延也将随之来临

在生活中，我们经常会感到莫名的沮丧和烦闷。特别是在经历一些不顺心的事情以后，低落的情绪会让我们看什么都不顺眼，一点精神都提不起来。上班总是走神，和家人相处总不耐烦，就算自己最喜欢的书也完全看不下去。有时触景生情，心中就会非常的伤感和失落。想象一下，当我们处于这样的沮丧情绪时，还有心情工作或者做一些原本打算做的事情吗？肯定不会。这时，伴随着沮丧而来的就是拖延，我们会把事情一拖再拖，想着心情好一点时再做。但如果你总是心情沮丧呢？

由于经济不景气和就业压力不断增大，许多希腊年轻人对自己的国家感到绝望。他们抱怨自己是希腊有史以来最沮丧的一代，虽值大好年华，有能力做一切事情却什么也做不了，他们有的干脆把自己看成是永远的失败者。由于很多年轻人有类似想法，希腊整个国家弥漫着沮丧的气氛。人们每天碰面都在讨论着悲伤烦闷的事情，有的人已经计划离开自己的祖国。

沮丧的情绪不仅会影响一个国家的前途命运，对个人的生活也会造成极大的负面影响。前些年，曾经演《成长的烦恼》中伯纳的演员安德鲁竟然离奇失踪。据知情人士透露，他在失踪以前，因为一些事情而导致情绪十分低落和沮丧。一个在荧屏上曾经给无数人带来欢乐的演员，竟然也因为糟糕的情绪做出让人如此不解的事，沮丧的破坏力可见一斑。

生活中，难免会遇到糟糕情绪的困扰，失望的事情发生时，每个人

都会感到沮丧。但是，每个人在应对这种情绪时的反应却不尽相同。同样是因为误会遭到领导批评，有的人回家就给家人脸色看或是把孩子臭骂一顿，而有的人则是打一场篮球出出汗，或是在家什么都不想，痛痛快快喝上几杯，让负面情绪得以释放；同样是找不到合适的工作，有的人整天唉声叹气，颓废绝望，感叹着世道的不公，而有的人却能从自身找问题，努力从各个方面提升自己的能力和价值，并愿意把自己的教训和经验积极地去和身边的人分享，让大家感到更多正能量。

所以，一个人感到沮丧并不可怕，关键是我们不能任凭沮丧情绪在生活里蔓延。

因为晚婚，我朋友陈磊妻子怀孕时已经三十七岁。无论是他自己，还是双方父母，做梦都希望这个孩子能平安降生。可天不遂人愿，陈磊妻子流产了。

沉重的打击让陈磊几乎万念俱灰。他不责怪妻子，内心却怎么也高兴不起来。他每天阴沉着脸，回到家也不爱说话，头发已经很长了，也不愿意去修剪，一脸颓废的样子，还时不时唉声叹气。以前休息时，他总爱和朋友去打台球，如今他只是关上灯坐在沙发上一个劲地抽烟。

陈磊的情绪影响到了妻子：由于心情的压抑，妻子刚刚做过流产手术，身体又出了问题。医生说，如果恢复得好，一般九个月以后就可以重新怀孕。可按照现在的情况，他们至少要等到三年以后。

在动荡不安的环境中，沮丧的情绪可能会一直困扰着我们。之所以有人能够苦中作乐，而有的人却亲手毁掉了自己的生活，就是因为看待负面情绪的方式不同。

如果把眼前的困境看作末日，那么生活就注定充满凄凉。但如果告诉自己咬咬牙就过去了，日子总要开心地过，那么再不幸的事也不会影响到你的心情。孩子没了，至少你还有相濡以沫的妻子，还有需要照顾的父母，还有一个完整而温暖的家庭，仅仅为了这些，就应该重新打起精神，沮丧又能解决什么问题呢？

在日本，有一对奶农夫妇，虽然上了年纪，却依然像年轻时一样相爱。后来，严重的糖尿病并发症导致妻子失明，本来开心的她从此变得悲观起来，每天把自己关在家里，在沮丧和黑暗中生活着。

丈夫是一个非常乐观的人。他不忍心看着妻子在绝望中痛苦挣扎，决定用自己的方式让她重新快乐起来。于是，他在自家门前建一个花园，里面种满各种花卉。

虽然妻子无法看到花园里的姹紫嫣红，但扑鼻的芳香最终让她走出了房门。她听丈夫描述各种鲜花的美丽形态，感受着自己被花海所围绕时的甜蜜与幸福。从那时起，妻子每天都到花园里逛一逛。她脸上终于露出了久违的笑容。

一个人摆脱沮丧的情绪并不是什么难事，只要善于去发现身边的美好，只要愿意为别人去创造美好，我们的生命就不会被沮丧所占据，而随处可见的都一定是快乐和幸福。

英国物理学家威廉·吉尔伯特说："我们不要沮丧，每一片云彩都会有银边在闪光。"我们应该成为自己生活的主宰者，悲观沮丧并不可怕，只要勇敢面对、及时调整，就能走出困境。相反，如果仍由沮丧的情绪在生活里蔓延而不加制止，那么情况只能越来越糟。

◇ 不要等着工作找你，学会主动去找工作

　　不需要任何人的提醒或者催促，都能够很好地完成自己的工作。这就是那些成功人士能够绩效高、优秀的最根本原因。所以说，你永远不要将"要我做"当作自己工作的前提，高绩效最喜爱"我要做"的那类人，并乐意为其效劳。你必须像具有专业精神的人那样，主动地将工作从"要我做"变为"我要做"。无论这份工作是多么的无趣，"我要做"的主动精神都会让你得到老板的认可从而取得非凡的业绩。

　　"积极主动"往往会让人误解为强出头、富侵略性或无视他人的反应。一个积极主动的人往往在问题出现时能够做出积极的反应，并找出问题结合实际情况解决问题，最终取得一个好的结果。

　　大英帝国奴役印度人民遭到了许多印度议员的反对，为了人民能够早日脱离殖民统治，他们准备用暴力解决问题。但是圣雄甘地却没有加入其中，他认为靠暴力是解决不了任何问题的，这样做反而对人民是没有益处的，最好的方法就是"非暴力不合作"，抵制英货，最终取得胜利。

　　从表面上看那些议员似乎是非常的积极，但是却没有抓住问题的本质，只有圣雄甘地充分了解事情的本质，然后再"对症下药"，只有这样才能够取得最终的胜利。

　　"积极主动"往往贯穿于专业精神比较高的人的整个工作当中，正

是因为他们有着这种专业精神他们的能力也一天天加强，工作业绩也在不断提高。思想上的积极主动主要体现在以下几个方面：

主动去熟悉你的工作，因为这是你将工作做好的前提条件。还可以熟悉一下公司其他的事务，例如：销售方式、经营方针、工作作风、使命、组织结构、目标……可让你在今后的工作中采取的行动更准确，效果更出色。

不要等"工作找你"，而是要主动"去找工作"。如果你习惯了等待工作的话那么从思想上你就缺乏了积极性，这样会使你的工作效率低下。甚至有的时候你只会做你自己喜欢做的事情，就不会积极主动地做事情，就会想方设法拖延、敷衍了事。事实表明："等待命令"是对自己潜能的"画地为牢"，从一开始就注定了平庸的结局。

工作的时候尽量将自己的工作做好，没有工作的时候也不要让自己闲下来，主动为自己找点事情，只有这样你才能更好地完善自己，提高自己的工作能力。一个优秀的人在做完自己的工作时总会静下来好好想想是否还有不足的地方，有什么项目需要加上去，以使自己的工作能力得到扩大和充实？是否所有的目标都已达到？还需要向别人学习什么？只有这样自己的能力才会进一步得到提高。

许多著名的大公司认为，一个真正优秀的工作者光能坚持自己的想法或项目，并主动完成它，往往是不够的，还需要主动承担自己工作以外的责任，主动做分外的事。

比尔是一家酒店的员工，老板布置给任务他总是很快就完成了，所以他一直自我感觉很好。有一天，老板让他将客户的购物款记录下来，比尔做完之后就和旁边的同事闲聊了起来，这时老板走了过来，看了一下周围，然后又看了比尔一眼。老板什么也没有说，整理完那批已经订出的货物，然后又把柜台和购物车清理干净。

　　这件事深深震动了比尔，他突然发现原来一直以来自己是这样的愚不可及：即使老板没要求我做一些事情，我都应该主动地再多做一些，因为一个人不仅要做好本职工作，还应该做自己本职工作之外的事情。从此他比以前更加努力了，他由此学到了更多的东西，工作能力突飞猛进，最终比尔成了公司的副总。

　　也许你的老板或同事的某种处理事务方式的效率不高，而他本人并未察觉或不知如何改进。这时候如果你有更好的意见或者是建议你就应该主动地提出来，这样不但可以赢得他人的赏识，还会更有利于你与同事的合作，提高工作效率，进而推动整个组织绩效的提高。要想做到这点首先你必须主动去学习和了解公司业务运作的经济原理，公司的业务模式是什么？怎样做才能让公司获取最大的利益？主动关注整个市场动态，分析竞争对手的错误症结避免思维的固化，从而提高你的工作能力。

　　积极主动是远离拖延症最有效的方式，这种积极主动不仅局限于一件事情上面，你需要做的就是将它变成一种思维方式和行为习惯。只有每时每刻表现出你的主动性，才能获得机会的眷顾，最终走向成功。

◇ 拖延改变你的时间观，让你认为永远都有明天

如果一场电影你迟到五分钟，那么你将会错过一个十分精彩的开场白；寒冷的冬天你睡在温暖的被窝里迟迟不想起床的时候，那些成功人士正坐在电脑旁兢兢业业地工作；你已安排好今天的行程，而朋友却打电话来邀你逛街喝咖啡，你明知今日事今日做，最后却抵不过诱惑想着明天再做。你拖延越久，就会被时间落下越久。当你拖延的时候，时间并没有因为你而停下它忙碌的脚步。"明日复明日，明日何其多"，人的一生中又能够有多少个明日呢？所以，在时间面前千万要守时，它可不会耐着性子等。

你知道现在是几点吗？此时可不是你逛街喝下午茶的时间，而是你手头工作的最后期限。其实我们很容易被自己主观上的时间所欺骗，它不是手表上的时间，而是我们此时此刻正在拖延的时间。

从哲学家和科学家的角度我们可以将时间看成是主观时间与客观时间，但是他们并没有就时间的本质达成过一致意见。

关于时间，亚里士多德就有一个著名的"倒树疑问"：如果有一天在森林里面倒了一棵树，这时旁边一个人也没有，那么这棵树会发出响声吗？亚里士多德提出这个著名的问题就如同他对时间的理解一样没有准确答案。他有的时候在想：如果对于时间我们不去用那些数字加以计量，那么时间还存在吗？但是科学家牛顿则相信时间是绝对的，不管有没有

用数字去加以计量，它无时无刻都存在着。康德也表示，虽然我们不能直接认知时间，但是我们可以通过经验得到它。而爱因斯坦却认为过去、现在和未来全都是幻觉。这就是发生在科学家与哲学家之间，关于时间问题的一场辩论。而在这场旷日持久的辩论中要想得到一个具体的答案将会是一个非常漫长的过程。

对于爱因斯坦提出的这种"时间是幻觉"概念，拖延者往往喜欢这种说法。因为他们常常喜欢在事情一开始的时候不急不慢，当事情拖延到最后期限日益临近没有办法再拖延的时候，才感觉时间过得飞快。然而，不管时间是不是幻觉，我们始终都无法去阻止或者改变时间前行的脚步，最后的期限最终还是会如约而至。

英国的一所学校里，学生们正在操场上活动，有的打篮球，有的踢足球，有的在跑步，各种各样的体育运动都在紧锣密鼓地进行着。可是，有一个叫莱西的小女孩却坐在离操场很远的一棵树底下，专心致志地读书。

打听后才知道，莱西以前很贪玩，学习成绩一直不好，老师说她智商太低，永远不会有出息。同学们说她是一个笨家伙，就连她最要好的朋友杰米也同她分手，不再同她来往。回到家里更让她失望，父母都认为她读书根本没用，不但不进行辅导，母亲还让她帮着做家务，更可恶的是她的父亲，每天都对她骂骂咧咧地说："如果你的学习成绩三个月后不提高，我将把你介绍到一家纺织厂去做工。"

在同学的冷眼和父亲的谩骂之下，莱西终于醒悟了，她没有想到一个学习成绩不好的孩子会是这样的。她下定决心，一定要尽力把落下的功课补上来。

于是她一改往常的习惯，不再贪玩了。一天，母亲出去买菜，让她看好院里晾晒的衣服，可她偏偏为了一道数学题弄得不可开交，一时间忘记了母亲的嘱咐，等母亲买菜回来，衣服早已让邻居家的一只小花狗给叼跑了。为此，母亲狠狠地打了她一次。

晚上，同学们都早入睡了，她还趴在床上学习。就这样，莱西没日没夜地学习，虽然她熬得眼圈发黑，身体渐渐消瘦，可是她的学习成绩在原来基础上提高了一大截。到期末考试时，她以全校第一的好成绩，赢来了同学们的笑脸和父母的夸奖。

莱西的故事告诉我们：时间能送给你宝贵的礼物，它能使你变得更聪明、更美好、更成熟。不怕时间不等人，就怕你不知怎样去利用时间。

利用时间要坚持不懈，持之以恒，你不能因一时的成功就把时间丢在一边，不去重视它。让时间时时刻刻留在你心中，这样你才能成为一个真正的高效能人士。

其实对于时间的流逝我们每个人都会有不同的感受，而每个人对待时间的态度也大不相同。忙碌的人则会埋怨时间走得太快，而无聊的人觉得时间过得太慢，找不到什么事情打发这无聊的时间。这就是每个人的"主观时间"，它是我们于钟表之外的时间经验。

如何将我们的主观时间与具有不可动摇性的钟表时间完美地结合在一起。这是现如今我们面临的重大课题，一个对于时间观念要求比较严格的人往往比较偏重于客观时间。而拖延者往往沉溺于主观时间从而丢掉钟表时间，久而久之也就不愿意回到客观时间，最终手上的工作将会越积越多，拖得时间越长就越来不及完成。而目前我们需要做的就是把自己的主观时间与时钟的客观时间结合在一起，只有这样我们才能够在沉溺于某件事情的同时明白什么时候应该抽身离开，而不会在妥协中失去诚信。

　　大多数的拖延者都会面临这样的问题：即使自己的主观时间与客观时间产生冲突的时候，也不愿意两者之间有着太大的差异。即使现在已经是下午了，但是在他们看来离下班的时间还有好几个小时，不必急急忙忙地赶工作。久而久之这种拖延变成了习惯，当一件事情来临的时候他们往往会怀有侥幸心理，单纯地认为不到最后一刻就还有机会完成。所以在事情还没有完成之前，他们丝毫不会为时钟的转动而感到着急。这时，时钟对于他们来说只不过是一个摆设而已，他们根本不会为现在几点了而着急，因为他们一直以为离最后的期限还早着呢！

　　我们每个人对时间都有自己独特的理解，都有一套属于自己的时间观念。时间观念不同会导致行为习惯也大不相同，这样一来就会很容易产生矛盾。妻子可能会这样质问她的丈夫："为什么每次看球赛的时候总是非常准时，但是和我看电影的时候就总是迟到？"她的丈夫也许会这样回答她："电影在没有开始之前你就到了，而我到的时候电影刚好开始，我这怎么算是迟到呢？"这就是因每个人的时间观念不同而引发的矛盾。

　　不同时间观念的人很容易在时间问题上发生冲突。例如，和朋友一起商量明天爬山出发的时间，有的人觉得提前半小时动身，以免在路上遇到堵车；而有的人就会认为还是晚一点比较好，这样反而可以避开上班高峰期。于是一场关于何时爬山的讨论开始了，有的人可能会为此事争得面红耳赤，这就是因为每个人对待时间的观念各不相同。

　　性子非常急的人接受拖延者的时间观念肯定是一件非常困难的事情，因为这两类人的钟表时间相差太大。而我们需要做的就是让两者的距离缩小，相互能够理解彼此在时间观念上的不同，并以此达成某种妥协，尽量让两个时钟走在同一个时间点上。

　　津巴多是美国著名心理学家、社会学家，他对人们时间感知的差异性做了全面的研究，得出以下结论：大多数人对于时间的感知都是通过过去、现在和未来不同坐标来定位的。但是如果有人太偏重于用某一个时间坐标来感知时间，那么他的世界观必然会受到局限。一个人如果可以在三种不同的时间坐标参照中保持平衡，那么这样的人也自然会充分地享受生活，从而适应社会发展的步伐。

所以，我们不能站在一个时间的参照点上理解时间，要知道从不同视角透过玻璃看水面上的一个点会呈现出不同的效果。我们要做的就是将眼睛放在水面、杯子两点连成的一条平面直线上观察目标。对于时间也是如此，我们要想正确把握时间，就要抛开拖延，也不要急于追赶时间，而是要参照过去、现在和未来，正确地定位时间，这样才能把握好时间，不做时间的拖延者。

5

拖延心理的病根：
想把你塑造成"拖拉斯基"

◇ 做事犹豫不决，拖延就战胜了你

◇ 一个有朝气的年轻人，怎能活成颓废的"老人"

◇ 别妄想从拖延中获得快感，任何事都没有捷径

◇ 谁也预料不到明天，不要总想着失败后的结果

◇ 有一种拖延症，来源于对成功的恐惧

◇ 不知道如何利用时间，如何告别拖延症

◇ 做事犹豫不决，拖延就战胜了你

生活中，我们经常要面临两难的抉择，尤其是在现今这个信息多而乱的社会中，做出正确的抉择更不是一件易事，这就需要我们有出色的判断能力。然而，一些人因为害怕做出错误的决策而左右迟疑、当断不断、不愿实施，为自己带来很多困扰。

俗话说：鱼和熊掌，二者不可兼得。要想有番成就，在机会来临的时候就必须要抓住，有舍有取，果断做出选择，然后再积极地行动。

找工作的时候，摆在你跟前的是一家很好的公司，福利待遇好，发展的空间也比较大，这时或许你会犹豫，想着会不会还有比这家更好的公司呢？犹豫半天，最后这机会被别人抢去了；当你在和客户谈合作案的时候，或许客户提出的条件比较严苛，所以你犹豫不决，迟迟不肯签合同，到最后被别的公司捷足先登，拉走了订单；当你逛商场的时候，看到一件漂亮的衣服，大小也正合适，但是觉得价格太贵，犹豫不决，想再去别家看看，等再回到这家店的时候衣服却被别人买走了；当你面对升职加薪的机会时，因为担心别人比自己强，迟迟不肯毛遂自荐，结果被别人抢占了先机。

这些机会明明就摆在你面前，而你明知道那是机会，但就是犹豫着迟迟不肯做出决定，到最后只能眼睁睁地看着机会被别人抢走。

我朋友陈晓蛮和我讲了她如何晋升为部门副主管的故事，我觉得很有启发。

有一天，她的经理坐在办公桌旁忙了一天，眼看自己一个人实在完不成这么大的工作量，他来到了陈晓蛮所在的部门问："谁能帮我做一张进销存报表？"

陈晓蛮毫不犹豫地对他说："我来做吧！"

看到陈晓蛮主动应承，在场的其他几个员工出于礼貌，也对经理说："我也来帮你吧。"

经理说："谢谢你们，但我只要一个帮手就够了。"

过了两个月之后，因为公司人事调动，陈晓蛮幸运地被提拔为部门副主管。

现实就是如此，有能力往往是不够的，还需要在机会来临时把握好机会，将能力充分地发挥出来，只有这样才能得到老板的器重，而那些在机会面前犹犹豫豫的人，最终会被淘汰出局。

在机会面前，当我们没有足够的能力去胜任一件工作的时候，或许我们不会因为失去它而难过和后悔。但是，如果我们有这个能力，明知道那是个展示自我的好时机，却因自己的犹豫而错失，这时我们将非常的懊恼。因此，当机会来临时，就要快速地抓住，舍弃那些不必要的想法，快速地采取行动。

一天我和同学吃饭时，她讲了一个朋友的事，我觉得有必要在这里说一下。

她的朋友叫张志鹏。张志鹏毕业后，误打误撞进了一家手机公司，从事市场拓展的工作。可能是年少轻狂，也可能是有信心，张志鹏对这份工作表现出了极大的热情。这天，上司让他去一个地方开发市场，那地方十分偏僻，上司曾经把这个任务派给过三个人，但都被他们推脱掉了，因为他们一致认为那个地方根本不会有市场，即便去了也是徒劳。但张志鹏不这么想，他认为，如果自己能开辟出这片市场，那么，即使自己还是个新人，在公司也能站稳脚步，给领导留下个好印象。于是，他出发了。

令同事们感到惊讶的是，三个月后，疲惫的张志鹏回到了公司，他带回了好消息，那里的潜在市场很大。

其实，张志鹏在出发前，也认定公司的产品在那个偏僻的地方没有销路。基于服从意识，他还是毅然前往，并用尽全力去开拓市场，并最终取得了成功，现在也成为一个省的负责人。

下属张志鹏的这种决断力是我们必须学习的。无论什么时候，都应该主动、积极地去完成领导交给你的任务，这是执行的第一步。任何一个领导都不会喜欢做事犹豫不决、迟迟不动手、问长问短的下属。

所以，做事不拖延、不犹豫是每一位成功人士必备的最基本的素质。

作为苹果技术团队的主管，李开复认识到自己的团队存在着严重的问题，并且已经到了积重难返的地步。是继续为维护面子自我蒙蔽？还是观望整顿？经过一番思考，李开复果断地做出了决定——团队解散，并重新建立团队。

在他的带领下，新团队顺利地完成了研发任务，最后公司对他这种果敢的行为大加赞赏。

后来，李开复认识到自己的思想和意见，不能在作为行业翘楚的微软尽情地自由表达时，他没有丝毫的犹豫，毅然跳槽到了谷歌，这使得他的影响力逐渐扩大。再到后来，他开创了自己的公司，在业内外取得了响亮的名声和非凡的成就。

处事不拖延不仅能使我们抓住机遇，做出成绩，还能够帮我们最大限度地避免损失。李开复解散团队的行为，结束了团队劳而无功却要公司支付成本的现状，为公司避免了进一步的损失。而他选择自己去留的果断行为，则使自己的职业生涯更加辉煌。

犹豫不决是事业的绊脚石，有了它，我们遇到机会时就会举棋不定，从而错失良机。不拖延的果断行为，却能让我们牢牢地抓住机遇，创造出更辉煌的成绩。有的人认为果断往往会变成武断，但是事实并非如此，果断是用最短的时间衡量做一件事的利弊。假如事情这样做是利大于弊，那么即使冒一些风险也是值得的。

人生的道路上，我们每时每刻都在做出选择，而许多机会都是转瞬即逝的。哪怕做出错误的选择也好过犹犹豫豫。如果犹豫不决，很可能会失去很多成功的机遇，机会一旦错过了，是不会再有的。放眼古今中外，能成大事者都是当机立断之人，他们是世界的主宰，当机会来临时他们就会快速地做出决定，并迅速加以执行。

成功的人能把握更多的机会，往往比别人敢于冒险，做事情比别人果断，比别人迅速。如果一个人总是犹豫不决、优柔寡断，一旦有了变故就很容易改变自己之前的决定，这样的人是成不了大事的，只能羡慕别人的成功，在后悔中度过一生！

◇ 一个有朝气的年轻人，怎能活成颓废的"老人"

初入职场的年轻人身上往往有一股逼人的朝气，他们不管干什么事都很有干劲，然而在一些职场老人看来，这些朝气不过是三分钟热度。职场"老人"这样告诫年轻人："等你在职场混久了，你就不会这么有激情了。"而等到年轻人逐渐变成了职场"老人"，他们大多数人也发现，这些"老人"说的话真的很对。

的确，很多人早已从一个脚踏实地的大学生慢慢变得精明，而又从精明开始慢慢学会了拖延，逐渐向颓废过度。

很多人常常说"岁月是把杀猪刀"。有时候，我的大学同学陈孝成也会感慨几句。陈孝成大学毕业后就投身广告业。现在的他，作为公司设计这一块的负责人，对自己这十几年的变化感慨颇多。

想当年，陈孝成刚毕业后，就找到了一份心仪的工作。当时的他自然是无比意气风发，他相信自己能够在公司里大展拳脚。进入公司，看到自己亲手做的设计方案一一被采用的时候，陈孝成内心充满了激动和骄傲。此后的一段时间里，无论陈孝成接到什么样的工作，他都会在第一时间去完成，即便影响休息娱乐也在所不惜。然而现在，一切都不一样了，刚毕业时那股朝气早不见了。现在，即便是最紧迫的项目，他也是能往后拖就往后拖。

陈孝成常想，自己刚到公司时的那股朝气都去哪儿了呢？我们一次大学同学聚会，陈孝成对我发了一通牢骚："我现在的事业可以说是一帆风顺，但是总感觉不到以前咱们在学校时候那种感觉。你说咱们上大学的时候，是多么意气风发，圣诞节的时候，摆个地摊，卖个苹果，虽然卖的还没吃的多，但是那时候的感觉特别好。"

"是啊，现在咱们的工作状态和刚参加工作的状态差别实在是太大了。"他的话引起了很多同学的共鸣，大家纷纷附和着，感慨着自己思想的转变。

"刚开始的时候，总想着用自己的激情去改变整个世界，没想到工作几年，就被这个世界给改变了。"

"现在我对急的工作就做做，不着急的能拖就拖，反正在最后一定会找到解决办法的，慢慢地人都变得越来越颓废了。"

其实，像陈孝成这样的感触我们很多人都有。随着年龄的增长，无论是生活还是工作，我们都逐渐失去了激情，没有了继续拼搏的动力。做事的时候拖拖拉拉，思考问题的时候懒懒散散，这样的状态长期持续下去，人就变得越来越颓废。

面对这样的状况，有的时候我们会感觉很难过，看看自己的懒散，再看着刚刚进入公司年轻人的朝气，更是感觉自己已经跟不上时代了。因此不禁要问，以前那么阳光有朝气的自己到哪儿去了呢？

是啊，人的朝气去哪里了呢？答案就是被拖延给磨光了。少年时、青年时，我们面对的是紧张的学业，是师长的督促，是同代人的竞争，在这种情况下，每个人争分夺秒，一刻钟当两刻钟来用。但是毕业之后走入社会，我们需要自己来掌控自己的人生，安排自己的工作，生活中没有明显的竞争，人的紧迫感也就慢慢消失了，拖延开始变成生活中的常态，于是朝气就这样一点一滴地丧失了。

　　紧迫感的丧失来自拖延，而拖延久了就染上了拖延症，一个得了拖延症的人，对于生活的态度便成了能拖一刻是一刻，只求这一刻无事轻松，哪管下一刻十万火急。然而，下一刻还是会到来的，就在这不断的十万火急当中，人生开始一次次地失败，因为失败，便更加懒散，对待生活更加拖延，拖延和懒散形成了一个恶性循环，而这个恶性循环的最终结果就是内心彻底崩溃，整个人陷入一种颓废的状态当中。

　　颓废是一种怎样的状态呢？就是对所有的事情都感觉浑浑噩噩，没有自己想要参与新生事物的兴趣，总是认为"有什么事也不用着急"，对于自己的工作，总是拖到最后一刻才慢悠悠地去做，没有丝毫自控的能力，当然也不会采取任何的措施来进行自控。

　　处在颓废中的上班族往往会被同事笑为，患上了"更年期综合征"，而处于颓废中的人生，则是一个彻头彻尾没有意义的人生。在这样的人生当中，逃避困难、不肯面对挑战、被动地安于现状成了生活的主题，放弃、逃避成了生活的选择。这样的生活，难道是我们想要的吗？

　　没有人希望自己的人生毫无意义，谁也不想成为混吃等死度日的蛀虫，但只有当你摆脱了拖延症，才能够结束这一切，重新迎来朝气蓬勃的人生。

◇ 别妄想从拖延中获得快感，任何事都没有捷径

在工作中，我们常常听到一些领导鼓励下属："有压力，才会有动力。"诚然，某些压力下，人们能挖掘自身潜力，但如果你是一名拖延者，你绝不能以此作为拖延的理由。你可能会以为，将工作拖至最后，在剩下几个小时的时间内加班能聚精会神，效率非常好，你认为这是一件非常刺激的事，但你最后完成的工作成果，真的能让你感到满意吗？你也真的能在规定时间内完成吗？万一出现突发状况怎么办？

美国特拉华州大学的心理学家在研究人们拖延产生的心理原因时，提出了一个名词——寻求刺激。他们认为一些人，会享受拖延带来的劣质快感，这些人喜欢在高压下做事，每当他们肾上腺素上升的时候，他们就会觉得十分刺激，那事实又是如何呢？其实这些人根本不可能很好地完成任务。

其实，很多时候，人们真正享受的并不是集中精神工作的快感，而是在剩余不多的时间内的焦虑感，他们并没有把自身内在的潜力逼出来，只是通常会草草结束手上的工作。

事实上，无论是谁，如果不改掉拖延的毛病，都必须承受一定的代价。所以，为何不立即动手、踏踏实实地工作呢？相信那时你享受的才是充实的快乐。

我一个哥哥自己成立了一家公司，虽然是小公司，但是因为工作多，

所以每天都很忙，想找点时间度假也非常困难，感觉他的事情就从来没有干完过。有一次，他和我聊天，说起了他的苦恼。因为我不是生意人，也不知如何去帮助他，但我感觉他的时间处理和规划肯定有问题，让他抽出大把时间看与时间管理相关的书也不现实，毕竟他很忙。于是，我建议他可以看看奥格·曼迪诺的《世界上最伟大的推销员》，虽然只有十小节，内容少，但按照它里面的步骤做，也许会让他时间变得宽裕些。

没想到，两个月后，我再见到这位哥哥的时候，他告诉我，虽然现在公司的事情还是很多，但他已经能一条条排列规划地做事情，再也不会像以前那样瞎忙了。

他说："现在我不再加班工作了。我每周工作五十至五十五个小时的日子已经一去不复返，也不用把工作带回家做了。我在较少的时间里做完了更多的工作。按保守的说法，我每天完成与过去同样的任务后还能节余一个小时。

"对我有极大帮助的一点是'现在就办'的概念。我使用的最重要的方法是制定每天的工作计划。现在我根据各种事情的重要性安排工作顺序。

"我有意识地尽力克服工作上的拖拉现象。首先完成第一号事项，然后再去进行第二号事项。过去则不是这样，我那时往往将重要事项延至有空的时候去做。我没有认识到次要的事项竟占用了我的全部的时间。现在我把次要事项都放在最后处理，即使这些事情完不成我也不用担忧。我感到非常满意，同时，我能够按时下班而不会心中感到不安。"

我这位哥哥的时间管理方案是有效的，根据他的说法，他节省时间的方法就是立即处理，拒绝拖延。

人本来就没有完美的，每个人都会有很多缺点。成功者之所以会成功，就是因为他们能够克服自己的缺点，而平庸者反之。当然，任何习惯的改变都相当困难，它意味着不适与缺陷。这些不好的天性中，就包括拖延。由于拖延而造成不良后果的事件很多，你是不是常有这样的经历：某天，你因为拖延必须加班，你认为自己的策划案充满创意。第二天，你将满以为完美的工作交上去，谁知道被领导一顿痛批，于是，你只好重新来过；周一早上，你很晚才起来，急匆匆地吃完早饭，拿起公文包就往公司赶，到了公司才发现，原来一份重要的文件落在了家里；身为学生的你，每周末总是到晚上才开始准备周一要交的作业，结果因为时间不够只好抄袭其他人的，你的学习成绩也总是不能提高……在这些反反复复的过程中，你失去的是什么？是宝贵的时间！

我们再来做个假设，每天早上，我们早起一个小时，安排好一天的工作和生活，吃个早饭，锻炼好身体，精神抖擞地去上班，你会发现，自己充满了精力，即便平时看起来难做的工作，好像也变得轻松了许多。认真工作的结果就是，你节省了时间，得到了上级和同事的信任。与匆匆忙忙、一团糟的生活相比，你更倾向于哪种？

拖延的毛病容易给人带来麻烦，不但影响你的学习成绩，升学考试、就业升职，还有可能给人们的生活带来不幸，浪费时间就是耗费生命，同一件事，拖延者所花费的时间远比立即行动者多得多。拖延从表面上看似乎不是什么大毛病，但若不及时纠正，会直接影响到我们的一生。

一位父亲告诫他的孩子说："无论你以后做什么样的工作，都要做到勤奋努力、全力以赴。要是你能做到这一点，你就不必担忧自己有没有好前途。你看这世界上，到处都是散漫、粗心的人，做事善始善终的人也是供不应求、深受欢迎的。只有认认真真做事的人才是未来竞争的成功者。"

这位父亲的话是有道理的，一个人的成功并不在于他在做什么，而在于他有没有做到最好。成功者之所以成功，就是因为他们具备一个品质，比别人起得早、睡得晚。因此，我们在学习、生活和工作中，应该以更高的标准要求自己，比别人先着手，就会赢得更多的时间。

所以，任何一个企图从拖延中获得快感的人都要认清一点：做任何事都没有捷径！学习一下那些本本分分工作的人吧，不迟到、不早退、不拖延，上班了立即动手做事，下班了踏踏实实享受快乐，这样的态度，虽然看起来并不刺激，但却能抓住踏踏实实、稳重的幸福，长此以往，你的能力也会获得质的提升。

二十世纪八十年代，有这样一个工人，他初中学历，他的上司总是对他说："这事要这么做。"无论上司说什么，他总是一一记下，生怕漏了什么。每天，他的话都不多，总是埋头在做自己的事。无论上司布置什么任务，他都日复一日，不厌其烦地认真完成。在工厂里他毫不显眼，一直默默无闻，但从无牢骚，也从无怨言，兢兢业业，孜孜不倦，持续从事着单纯而枯燥的工作。

二十年后，当那位曾经的工厂领导再次回到厂子与他见面时大吃一惊，当年那个默默无闻、只是踏踏实实从事单纯枯燥工作的人，居然当上了事业部部长。令领导惊奇的不仅是他的职位，从他的言谈中感受到，这位工人已经是一个颇有人格魅力，并且很有见识的优秀领导。

这位工人看上去毫不起眼，只是认认真真、孜孜不倦、持续努力地工作。但正是这种坚持，使他从平凡变成了非凡，这就是坚持的力量，是踏实认真、不骄不躁、不懈努力的结果。

◇ 谁也预料不到明天，不要总想着失败后的结果

在生活中，相信每个人都有自己的梦想或目标，也就是一个指引人们行动的方向。然而，最终能达到自己目标的人却是少数，大部分人还是庸庸碌碌一生。究其原因，是很大一部分人缺乏立即执行的精神。他们在行动前，就开始产生焦虑：万一失败了怎么办，这样永远都不会开始，只会与目标渐行渐远。所有的成功者都必定有着果断的执行力。可能一直以来，你都认为自己是个勇敢的人，但一旦要到真正可以表现自己勇气的时候，却左右迟疑、不敢付诸实践。其实，这不是真的勇敢。因为勇敢不是停留在言语上，而是要放手去做。

同样，在现实工作中，一些人因为害怕承担失败带来的后果而迟迟不敢着手做手头上的事，他们宁愿承认自己没有足够的努力，也不愿意承认自己能力不足，他们会为自己寻找各种借口拖延，到最后，就能名正言顺地不必承担失败的责任。

2007 年，美国卡尔加里大学的教授发现，人们拖延行为的产生与害怕失败有一定的关联，一些人因为害怕失败而立即行动起来，但一些人却因此选择逃避和拖延。

更为有趣的是，一些心理学家还对那些因为害怕失败而产生拖延行为的人做了心理评估，经过评估，心理学家发现他们有几点共性：否定自己、相信宿命、习惯无助。很明显，这些都是消极的心理症状，被这些负面情绪缠绕，怎会有快乐可言？虽然，立即实行的后果可能是失败，

但拖延也是失败，为何不放手一搏呢？最重要的是，很多时候，事情并没有我们想象的那么糟糕，甚至只是我们杞人忧天而已。

曾经有这样一个故事。

在美国，有个刚毕业的年轻人，在一次州内的征兵选拔中，他因为体能好，表现优异被选中了，在外人看来，这是一件好事，但他却并不高兴。

为了庆祝孙子被选上，他的爷爷从美国的另一个州来看他，看到孙子心情不好，便开导他说："我的乖孙子，我知道你担心，其实真没什么可担心的，你到了陆战队，会遇到两个问题，要么是留在内勤部门；要么是分配到外勤部门。如果是内勤部门，那么，你就完全不用担忧了。"

年轻人接过爷爷的话说："那要是我被分配到了外勤部门呢？"

爷爷说："同样，如果被分配到外勤部门，你也会遇到两个选择，要么是继续留在美国，要么是分配到国外的军事基地。如果你分配在美国本土，那没什么好担心的嘛。"

年轻人继续问："那么，若是被分配到国外的基地呢？"

爷爷说："那也还有两个可能，要么是被分配到崇尚和平的国家；要么是战火纷飞的海湾地区。如果把你分配到和平友好的国家，那也是值得庆幸的好事呀。"

年轻人又问："爷爷，那要是我不幸被分配到海湾地区呢？"

爷爷说："那同样会有两个可能，要么是留在总部；要么是被派到前线去参加作战。如果你被分配到总部，那又有什么需要担心的呢？"

年轻人问："那么，若是我不幸被派往前线作战呢？"

爷爷说："同样，你会遇到两个选择，要么是安全归来，要么是不幸负伤。假设你能安然无恙地回来，你还担心什么呢？"

年轻人问："那倘若我受伤了呢？"

爷爷说："那也有两个可能，要么是轻伤，要么是身受重伤、危及生命。如果只是受了一点轻伤，而对生命构不成威胁的话，你又何必担心呢？"

年轻人又问："可万一要是身受重伤呢？"

爷爷说："即使身受重伤，也会有两种可能性，要么是有活下来的机会，要么是完全无药可治了。如果尚能保全性命，还担心什么呢？"

年轻人再问："那要是完全救治无效呢？"

爷爷听后哈哈大笑着说："人都死了，还有什么可担心的呢？"

这位爷爷说："人都死了，还有什么可担心的呢？"这是对人生的一种大彻大悟。有时候，我们对某件事很担心，但只要转念一想，最好的状况莫过于以这样的心态面对，其实就没有什么可担心的了。

尼采说："世间之恶的四分之三，皆出自恐惧。是恐惧让你对过去经历过的事苦恼，然后惧怕未来即将发生的事。"的确，我们只要做到不念过往、不畏将来，就能变得勇敢。

很多时候，消除恐惧的方法只是做个痛快的决定，只要想做，并坚信自己能成功，那么你就能做成。

我有一个发小，叫张慧。今年二十八岁了，刚结婚那几年，她是幸福的。她本来以为找个好人家把自己嫁出去，往后的生活会围绕着丈夫与孩子团团转，一辈子也就这样了。但是，当她真的成家以后，却经常感到很迷茫，觉得浑身不自在。

更让她感到糟糕的是，婚后的丈夫好像也变了，找了份安稳的工作后，就变得不思进取，每天下班回家后就是打扑克、泡酒吧，这让她打心眼里嫌弃丈夫的无能和窝囊，再加上家里的经济条件并不宽裕，因此她很不开心，时常唉声叹气。

星期天，张慧的一个闺密邀她出去喝咖啡，她开始诉说心里的烦恼，埋怨自己嫁错了人。好友善意地提醒她："如果你总想着让老公多赚外快增加收入，那么恐怕你很难感到快乐。既然你自己有理想、有能力，为什么不干脆自己创业或者努力工作呢？"这番话点醒了张慧，她仔细一想，觉得好友的话十分在理，于是她开始留意身边的各种机会。

半个月后，邻居准备转让一家餐馆，她就动了心思，打算把餐馆接过来。当时，丈夫和婆婆都不同意，觉得她一个女人能干成什么事。再说，她也缺乏经营经验，而且事情太繁杂，怕她遭罪。但张慧坚持接了下来。很快，因为经营有道，她的生意红红火火。

尤其让她感到高兴的是，因为她打开了自己人生的新局面，丈夫也不再游手好闲，时常来帮她招待客人，管理餐馆的大小事务。丈夫在工作中也开始奋发向上。丈夫常感激她，说她让他找准了人生方向，就像周华健唱的那首歌："若不是因为你，我依然在风雨里飘来荡去，我早已经放弃……"

如今的他们，在生活中互相交流自己的想法和意见，感情也比从前更加融洽了。

这就是一个聪明女人不甘于现状，用自己的能力改变现状的典范。刚开始，她围着丈夫和孩子转，原本以为这就是幸福，但实际上，这并不是她想要的生活，她很快发现自己过得并不快乐，在闺密的提点下，她很快找到了努力的目标。事实证明，她有能力经营好自己的事业和幸福。

因此，我们发现，消除焦虑、立即行动乃至获得成功的钥匙就掌握在自己手中，只要我们积极主动一点，那么，幸福与快乐触手可及。在做事的过程中，一些人总是担心失败后的情况，因此产生了不必要的焦虑和拖延行为，但实际上，我们谁也不必要去预料明天，我们要做的就是把握当下。

◇ 有一种拖延症，来源于对成功的恐惧

前面，我们已经分析过，一些人因为害怕失败而迟迟不动手，这情有可原，但心理学专家在分析拖延的心理因素时称，一些人会因为害怕成功而拖延，也许你会认为，太荒谬了吧，简直是开玩笑。事实上，这种情形确实存在。很多人在潜意识中，的确对成功有着恐惧，也正是因为这种恐惧的存在，让他们不敢行动，最终与成功擦肩而过，只不过，人们对成功产生恐惧的理由因人而异。

我有个大学同学叫王灿灿，她毕业以后就进入了一家策划公司工作，一待就是八年，可以说是一名资深员工，她能力出众、待人温和，几乎所有的同事和领导都喜欢她，这不，在最近的人事变动中，领导决定让她担任策划总监，从一名策划升到策划总监，这确实是值得庆贺的事情。有一个周末，我请她到家里吃饭，为她庆祝。

"恭喜你啊，王总监。"我故意调侃她道。

"有什么开心的，愁死我了。"王灿灿叹了口气。

"升职了，应该高兴了，别人盼还盼不来的呢，有什么可愁的？"我很不解。

"说实话，我根本就不想升职，不想加薪，就现在这样当个策划，我都觉得压力大，有做不完的事情，要是再当个总监，我还要做更多的事，承受更大的压力，我恐怕一点自己的空间都没了，再说，万一做不好呢，

原本就有个跟我实力相当的人一直觊觎这个职位，我应付不来这个工作的话，他们更有理由找茬了。另外，我本来就是个不喜欢与人争抢的人，我也应付不了每天对下属指点来指点去的工作，一旦成了总监，我想大概每天也都有人在议论我，就连我穿了什么衣服、剪什么发型，估计都成为大家的谈资，被人始终盯着的滋味实在不好受。"

听完王灿灿的话，我点了点头，确实是这么个道理，然后我接着问："那你准备怎么做？任职命令可是已经下达了的呀？"

"能怎么办？躲着呗！能拖就拖，接下来几天我都不会来公司，请几天假，就说自己不舒服，公司这几天正是缺人手的时候，我关键时刻掉链子，高层肯定觉得我不能担当大任，自然会找人代替我。"

王灿灿的一番话让我沉思半天。的确，人们都只是看到别人身前的荣耀，却没有看到他们身后的牺牲和压力，不过，因为害怕成功所以讨厌升职，真的正确吗？这当然不正确！一个人对自己缺乏自信、害怕成功，只会导致他们停滞不前，只会把自己禁锢在牢笼中。其实，很多时候，你所恐惧的成功后的事情并不一定会发生，即便发生，也远没有你想象的可怕。

现在，你不妨将你在成功后的好处和坏处都列出来，就会发现，你的担心简直是无聊至极。

身处职场，我们发现有这样两种人，一些人总是抱怨自己怀才不遇，一遇到可以表现自己的机会，就急不可耐地站出来，最后却给领导一个爱表现的坏印象；也有一些人，他们能力突出却害怕成功，即便机遇已经摆在面前，却依然选择拖延和逃避，他们每天得过且过，不但迷失了个人奋斗目标，而且对公司的影响也是负面的，因为他们总是不断被周围的新人赶上甚至超越。很明显，这两种工作态度都是不对的。那么，我们该怎样做呢?

其实，无论是身处职场还是做其他事，任何时候，都不能停止进步。要知道，随着知识、技能折旧得越来越快，不断学习、不断更新知识已经成为人们保鲜的一个重要方法，是否能适应激烈的竞争环境并不断完善自己也已经成为一个职场人能否担当大任的重要考核因素。因此，我们也只有努力充实自己、敢于向成功挑战，才会真正进步。

我在一本杂志上还看到过一个故事。

小周是某大型企业的一名员工。高考失利后，他失去了继续读大学的机会，十八岁时，他就进了现在的这家企业。因为学历的原因，他只能从事最简单的产品装配工作，但他不甘心，于是，利用业余时间，他自学了很多与该产品有关的知识，并自考了一些其他课程。

转眼，小周已经工作五年了。这家企业每五年会举办一个大型的青年知识大奖赛，参加比赛的人多半是一些高学历的人，但小周还是报名了。他的参赛作品是关于公司生产部门的机器流程改造图。公司高层一见到这幅图就惊呆了，一个生产流水线上的工人怎么可能会设计出如此让人惊叹的图呢? 于是，他们找来小周，就图纸进行了一番讨论，他的解释说明，让在座的领导瞠目结舌。"我看你的简历，你只不过是个高中毕业生啊，怎么会……"

"是这样的……"

听完小周的叙述，众领导一致表示："单位的员工要是都有你这样的学习精神，该有多好。"

很快，小周就收到通知，他被升为技术主管，负责他所提出的这一项目的改造工程。

这则职场故事中，我们见证了一个普通员工的升迁过程。员工小周之所以会被领导赏识，在众人中脱颖而出，就在于他不断学习、不断完善自己的知识结构，充实了原本知识不足的自己。

总之，我们都应该相信自己，有处理各种难题的能力，也相信自己能成功，现在，就勇敢地迈出第一步吧。

◇ 不知道如何利用时间，如何告别拖延症

许多人忙来忙去，最终只是穷忙，他们只知道埋怨自己命运不好，没有一个好家庭、好工作，甚至感到生活真累。可惜他们不知道怎样利用时间，怎样安排和设计时间，这样，又如何能够告别拖延症呢？因此，这样的人往往使自己生活的不如意。

"唉！工作又没完成。""唉哟！我怎么又忘了健身。""我真后悔，一辈子竟一事无成。"日常生活中我们总能听到这些人的叹息声。真想对他们说：为什么不事先安排好自己的时间呢？

我听我一个做生意的朋友讲过一个故事，故事的主角是他在一个公司当副总的朋友。这个副总叫陈志飞，他这个朋友在公司很久了，一步步爬到副总的位置。但他却依然有着散漫、对时间没概念的坏习惯。有一天，当陈志飞走进办公室看到桌子上一摞摞报表时，感到非常头疼，但迫于工作，只好静下心来，翻看每一张，当看到一半的时候，秘书走进了他的办公室说："副总，一位客商要求见您一面。"

他不在意地说："让他先在客厅等一会儿我马上就过去。"

当他用大约一杯茶的工夫翻阅完这些报表走进客厅时，看到那位客商正迫不及待地在客厅里徘徊。于是他满脸堆笑地对客商说："对不起！我工作太忙，让您久等了。"

客商听到他这句话后说："如果你实在没有时间，不如我们改天再谈

吧！"于是那位客商走出了客厅。

眼看着到手的肥肉，怎么会一下子就失去了呢？陈志飞一时感到迷茫。

第二天，董事长找陈志飞谈话说："公司决定撤你的职，并决定辞退你。因为你不适合本公司的业务要求。"

陈志飞急着说："怎么回事？我为了公司可没少卖命，怎么你的一句话就把一个高级职员给辞了呢？"

董事长见他仍然执迷不悟，气急败坏地吼道："你这笨蛋，你把我一千万的生意给搅黄了，你知道吗？"

陈志飞终于明白其中的道理，原来是自己的一句话惹恼了客商。他想起了初来这家公司的时候，在公司的员工须知专栏里有这样一段话："时间至关重要，凡是本公司员工一律遵守时间，任何人不能因故迟到或早退；要按时完成任务；要做好时间安排，哪怕是最小的细节也必须在日程安排中列出来并付诸实施。"

陈志飞并不是很忙，而是没有安排好自己的时间，不仅被上司给辞退了，也给自己带来了痛苦和烦恼。陈志飞的一句话惹恼了客商，可想而知，设计时间是多么重要。

人们总觉得被戴在手腕上的那个小玩意控制自己没什么必要，便可以浪费时间更准确地说就是混时间，到头来生活平平，一事无成。甚至对时间根得要命，烦得要命。有些人则很会设计自己的时间，他们守时、准时、省时。他们先设计自己的时间计划，然后再行动，这样就不容易使自己在实现目标时浪费时间了，从而尽快地提高了实现奋斗目标的效益。

你也许没有意识到，但你一直在这样做，也就是说，你在设计着你的每一分钟或者每一小时，也可能是每一天。当你睁开睡眼惺忪的眼睛，首先需要的是看一下墙上的闹钟，你要用时间去衡量自己的一切。比如，刷牙用五分钟，洗脸用十分钟，吃早点用二十分钟，赶往学校用一个小时。因为你怕迟到被老师罚站，所以你必须安排好时间。这只是一天中的一小部分。

　　巴西就是一个不安排时间的国家，巴西人戴手表比美国人更少，而且即使戴了表，也不太准确。

　　一个叫史蒂芬的人跟巴西一家飞机制造公司签约，因为巴西拥有汽车的人很少，只好坐公交车前往。但史蒂芬根本不了解巴西人的习惯。他甚至提前了十五分钟，可是巴士司机把车丢在半路，自己已不知去向。这下可把史蒂芬急坏了，因为这家公司的总裁要乘飞机去印度考察，前天吃饭时已经跟史蒂芬约好了，让史蒂芬在九点前赶到，否则这桩一亿多美元的生意就完蛋了。

　　史蒂芬几次想下去找那个巴士司机，可又不知去向。只好坐在车上等着。大约二十分钟后，巴士司机才慢慢悠悠地出现了，边走边吃着最后一口三明治，向乘客说了一句："谢谢大家等我。"之后才开车上路。等史蒂芬赶到那家公司时，公司里的人说老板实在无法等到他，就急着赶飞机去了，说等回来再说吧！

　　等史蒂芬一个星期后来到这家公司时，公司总裁早已跟别的公司签了约。史蒂芬实在感到无奈和愤慨。

　　读完这个故事，你是否觉得安排时间非常重要？所以，不管你多忙，赶快安排自己的时间吧！你可以随心所欲地浪费时间，也可以不去安排时间，但你无法不面对故事中那些不重视安排时间所带来的严重后果。

　　要想告别拖延症、提升执行力，如果不安排时间，只是盲目地去追求自己的目标，你最终也许会走到拖延的沼泽地，让你终身难以走出令人望而生畏的，没有前途的窘境。

下 篇

克服拖延，勇往直前

别 让 拖 延 症 毁 掉 你

6

对战拖延心理的计策：
先消灭懒惰这个"兄弟"

◇ 你的懒惰，让所有人都弃你远去

◇ 懒惰耗尽了时光，唯勤奋可力挽狂澜

◇ 拈轻怕重，人生还如何成长

◇ 铲除心底的惰性，做勇挑大梁之人

◇ 摆脱安逸，你的生活不可能永远"维持现状"

◇ 懒惰与拖延，永远是一对"好兄弟"

◇ 远离懒惰，先要做到脱离懒者的队伍

◇ 你的懒惰，让所有人都弃你远去

生活中充满了数不清的随意性，更为重要的是，没有人会替你管理你的生命。在学校时可能有老师管，让你交作业；参加工作了，可能有领导管，会检查你的考勤与工作进展。那么自己的日常生活与前程的重大安排呢？从决策、执行到监督落实，就得全靠你自己了。

人人有懒惰的一面，人的性格中就有惰性的成分。生活中常见一些惰性很强的人，能明天完成的事情绝不在今天结束；能别人做的事情，绝不亲自动手；可以以后再说的事情，现在绝不多做考虑……殊不知，勤奋是取得成功的最为基础的要素之一。而这里的"勤奋"主要就是指克服自己的惰性。

孟然大学毕业已经半年多了，可是工作一直没有找到。说是找不到，其实她也没有认真去找，因为她根本就不着急工作，家里经济条件好，所以也就谈不上什么就业压力。看着自己的同学一个个或忙于工作，或忙于找工作，孟然却乐得每天在家里睡到日上三竿。爸爸妈妈不止一次地劝导她："你都二十四岁了，怎么还是这么不知道勤奋呢？家里不缺让你好好生活的钱，可是你总得有自己的事业啊！就这样放任自己的惰性，也不着急自己的前途，将来我们都老了你要怎么生活呢？"对此，孟然总是嘿嘿一笑，说："我知道啦，可是工作也要慢慢找嘛！再过几天我就去找，好吧？"对于自己这个懒惰又任性的女儿，爸爸妈妈也没有办法。

就这样一直拖半年过去了，爸爸终于坐不住了，他和孟然商量了一下，决定给孟然开一家小服装店，但是他只管出钱，其余的事情都要孟然自己张罗。结果，商铺找到了，可孟然依旧每天睡觉睡到自然醒，工商、税务、货源，她什么都不着急办，能拖一天她就往后拖，一点都没有那股自己做生意的勤奋劲儿。后来还是爸爸看不下去，帮助她把一切打理好了。现在，孟然的服装店被她经营得一塌糊涂。这也难怪，谁见过一个懒惰的老板能做好生意的？

我们很难相信上面案例里的孟然能够把自己的服装店经营好，也有理由相信，如果她依然这样不思进取、不知勤奋，那么她的未来和人生就注定会庸庸碌碌、一事无成。虽然是女人，但也会被生活冠以“弱者”的大帽子。生活中这样的例子并不少见，让人奇怪的一个现象是，时代越是发展，越是前进，生活压力越大，懒惰的人就越多。特别是现在的一些女孩子，都喜欢以“享受生活”“享受青春”标榜自己，不思进取，懒惰成性。过去，女人以勤劳吃苦为自己的座右铭。可现在，放任自己惰性的人却越来越多了。难道女人就真的注定是弱者吗？

不论男人女人，勤勉都会带给我们成功，财富和好运乃是当然之事。一个勤奋苦干的人终能做成他所要做的事情，这是不变的真理。懒惰是失败之源，懒惰的人只知享受、玩耍和寻乐，只想等运气，结果注定碌碌无为。历来懒惰就是成功的绊脚石。不聪明的人，如果肯努力，同样能做出伟大的事来。我们看看历史上有多少著名人物，他们成功的原因，都离不了“勤”字。聪明的人，如果不勤奋努力，也会庸碌一生。龟兔赛跑的故事不是只给小孩子看的，成年人一样应该从中吸取教训。许多懒惰的人在态度上就有问题，他们吝于在工作或职业上使出全力，觉得如果尽力而为却不能成功，就会很丢脸面。他们的理由是，既然未曾尽力，那么失败了也可以振振有词，不愁找不到借口。面对失败，他们时常耸耸肩膀说："这件事并不难，我根本没放在眼里。"许多失败者都是这个样子。更重要的是，懒惰是可以传染的，当你变得懒惰时，你就成了别人拒绝名单上的一员了。可见，一个失败者就是这样被造就的。

人本性里就有懒惰的成分，这是心理上的疲倦情绪造成的。它表现出来有很多种样子，包括极度的散漫和懒惰。烦闷、害羞、妒忌、嫌弃等全会诱发懒惰，让人没有办法按自己的计划活动。而这种懒惰的行为，有的人懵懵懂懂，不知道这个是懒惰；有的人把希望放在明天，设想圆满的将来；还有更多的人虽然极力想要去改掉这个坏习惯，可总是不知道要怎么做，因而恶性循环。

如果你是一个无法克服自己惰性的人，那么首先你要学会微笑。当你不再用冷漠、生气的面孔面对世界时，你就会变得积极主动，因为你想把自己变得更完美、更成功。你也可以做一些你最喜欢的事，或是你想了很久的事。不要只看结果如何，只要这段时间过得充实就该愉快。另外，要保持乐观的情绪，不要动不动就生气。遇到挫折时，生气是无能的表现。正确的做法应该是冷静地查找问题出在哪里，或是自我解脱，或是与别人商量，哪怕争论一番对扫除障碍都有益处。这个过程带来的喜悦能使你更加积极向上，变得勤勉。当然，你还要学会肯定自己，勇敢地把不足变为勤奋的动力。学习、工作时都要全身心投入，争取最满意的结果。无论结果如何，都要看到自己努力的一面。你的努力最终会让你成功的。

不要放纵自己的惰性，给自己制定出计划和纪律，严格要求自己，看似委屈了自己，强迫自己放弃了很多的生活乐趣，不能够随意、潇洒地生活。其实不然：严格要求，正是养成良好习惯、克服惰性、从而享受高质量生活的前提。

不能随便放任自己，不能轻易向懒惰妥协，要坚定自己的目标与计划，才能打理好你自己的人生。不然，你就会随波逐流，贪图眼前的一点点安逸享受，而损失掉生命中宝贵的财富。一个人的勤奋付出是会有收获的，之所以还没得到自己想要的，可能是因为你的勤奋还不够，每个成功者的背后都有勤奋的付出。我们总是抱怨太多，其实是自己付出得太少了。为什么要不停抱怨呢，抱怨得再多有什么用呢？没有付出就没有回报，一个懒于付出的人还想要什么呢？

　　人们常说：努力的女人更可爱。我们可以这样理解它，一个肯勤奋努力的女人，总会得到自己想要的，她就会一点一点靠近自己的目标，一步一步更接近自己心目中完美的自己。这样的女人难道不优秀不可爱吗？生命是自己的，生活是现实的，不对自己负责，那么你必将成为一个失败者。要想得到自己想要的，必须要靠自己的勤奋，自己的努力。

◇ 懒惰耗尽了时光，唯勤奋可力挽狂澜

生活中，有些人把自己的失败归结为运气不好，认为自己明明很努力却没有得到自己的期望值，这种不成正比的境况就是自己没有运气。

现实社会上，也许有运气的存在，但从本质上说这只能说明自己的努力并不够，现在的努力并不能支撑你达到自己的期望值。之所以为自己找了这样一个借口，只能是为了让自己的内心更平衡一些，或者也是为了给自己的懒惰、不努力、不上进找了一个更好的借口。

可以说，我们每个人的一生都可能与懒惰相遇，可是有的人战胜了它，而有的人却被它吸引、同化，因而一次又一次地让自己的努力付诸东流。勤奋是成功的唯一途径。没有它，天才也会变成呆子。

一个永远勤奋而且乐于主动工作的人，将会得到老板甚至每个人的赞许和器重，同时，你也会为自己赢得一份重要的财产——自信，你会发现自己的才能足够赢得他人甚至一个机构的器重。

李丽是一名普通的白领，结婚后，她完全依赖于自己的丈夫，自己变得越来越懒惰，最后辞职做了家庭主妇。后来，由于她的丈夫突遭车祸意外身亡，家庭的全部重担都落到了李丽一个人身上，并且她还要抚养一个孩子。面对如此困窘的境况，李丽不得不去工作赚钱。因为要兼顾照顾孩子，她没办法去做一份全职工作，因此，她每天把孩子送去上学后，便去替别人料理家务。晚上孩子做功课时，她还要做一些自家的

杂务。

有一次，李丽发现很多上班族的女性都因外出工作而无暇整理家务，于是，她灵机一动有了一个想法——为有需要的家庭整理琐碎家务。为了这一份工作，李丽付出了自己的辛苦努力。渐渐地，她把料理家务的工作变为了一种技能，并成立了专门的公司。

虽然，市面上有很多同类型的公司，但凭借李丽地勤奋与努力，每天的订单总是排不完。不过，她并没有因此沾沾自喜，也没有因为一时的成功而松懈，她仍然夜以继日地工作，付出着自己的辛勤劳动。在她的身上，已经完全看不到懒惰的影子了。

不管出于什么样的的原因使李丽开始勤奋努力的，不可否认告别懒惰的一个好方法就是勤奋。勤奋让李丽告别了懒惰，摆脱了人生困境，也是勤奋让她走出一条属于自己的事业道路，走向自己的美好人生。

"天才在于积累，聪明在于勤奋，勤能补拙是良训，一分辛苦一分才。"前两句是说所谓的聪明的人才，其实也是对知识的日积月累和勤奋努力的结果。比如我国著名的数学家陈景润，为了攻克"哥德巴赫猜想"，坚持每天清晨三点起床学外语，每天去图书馆，沉浸在数学符号的海洋中。有几次，因为没有听见管理员"闭馆"的叫喊声而被反锁在图书馆里，但他毫不介意，仍不倦地回到书堆中。后两句说的是天资差些的人通过"勤奋"也是可以成才的。比如爱迪生小时候被老师视为低能儿而被学校开除，可是由于他自己后天的勤奋，终于成为举世瞩目的伟大的发明家。所以智慧是勤奋的结晶。

余俊一直是个成绩优异、品学兼优的好学生，高中时期一直是老师眼里的好学生，是父母眼里的懂事勤奋的好孩子。他以优异的成绩考上了重点大学，这在他们那个小县城是件了不起的事情，父母、老师都为他高兴，同学们都羡慕不已。

然而，在进入大学之后，余俊沉迷于网络游戏，整天泡在网吧，没日没夜，连课都不去上，结果年终考试，一直引以为傲的数学竟然只考了七分。学校勒令他退学，最后他只能回家找工作。他的父母失望极了，母亲整日以泪洗面，责怪他禁不住网吧的诱惑而荒废了学业。

我们安于享乐，害怕困苦是产生惰性的原因。懒惰会荒废我们的事业，而勤奋则能帮助我们成就一番事业。懒惰的人常常会躲避艰苦的工作，拈轻怕重，在工作中没有任何表现；勤奋的人则是迎难而上，把克服困难当作一种乐趣，因为当困难被克服时会有一种成就感。

正所谓"天道酬勤"，人生苦短，我们有权利挥霍今天，但有多少个明天呢？懒惰的人总是将事情推到明天，然后推到后天，结果事情永远都做不完。我们要懂得充分利用今天，在今天铺设成功的奠基石，铸就明天成功的希望。

如果想战胜懒惰，做成事情，就要脚踏实地努力做事，勤奋是成功最主要的方法。对我们而言，勤奋不仅可以创造财富，还能防止精神涣散，没有斗志。

我们是可以克服懒惰的，只要我们勇敢与其抗争，就能超越这种劣根性的钳制。而抗争一开始都是由一些外力来强制实现的，进而才能逐渐变为恒定的精神和行为习惯。

勤劳习惯一旦形成，就会拥有稳定的愉快心情，懒惰也就自然克服了。因为我们忙于专注的事时，恶劣的情绪是没有机会潜入我们的内心的，就更不会有在心中盘踞的空间。一个人只要进入勤劳状态，心中就不会有长久驻足的懒惰。因此，克服懒惰最直接有效的方法就是让自己忙碌。

绝不能让懒惰支配自己，想着还有明天，什么事都不做，只因还有后退的余地，而最终，我们会走入绝境。

从某种意义上来说，懒惰是一种堕落，它极具腐蚀性，侵蚀我们的精神，让我们停止了前进的脚步，懒惰就可以轻而易举地毁掉我们。懒惰的人是不能成大事的，因为他们贪图安逸，害怕风险，并且缺乏吃苦实干的精神。成大事者，都以"勤奋是金"为信条。只有经历过风雨才能看见彩虹，没有人能随随便便成功。所以在被懒惰拖累到毁灭之前，我们要学会摧毁懒惰。现在开始甩开懒惰，不再有片刻的松懈。勤劳是懒惰的天敌，只要我们勤奋努力，战胜懒惰，我们就能成就宏图伟业。

◇ 拈轻怕重，人生还如何成长

懒惰的表现形式之一就是拈轻怕重。这种因为懒惰而避重就轻的投机取巧行为，其实并没有得到真正的历练，也难以有一番真正的作为，反而对我们的成长不利。

有些人在工作中回避重的责任，只拣轻的来承担，这样做对自己今后的发展没有多大的好处。工作中，凡是重活累活当然需要在体力和脑力上付出更多的代价，因此，拈轻怕重的人在面对一项任务时，还没开始做就觉得自己无法胜任，或者已经有了躲避的决心，常常会想出各种理由来为自己推脱："这事我恐怕做不好，还是让别人去做吧。"他们这样做，一方面是打着自己的小算盘，认为付出的多，得到的少不合算；另一方面是因为他们不敢尝试，不想做难度太大的工作，结果变成了什么都不想做的懒虫。

拈轻怕重在择业中的表现就是没有吃苦精神，一切以舒适享受、条件安逸为首选的标准。

众所周知，大学生找工作都愿意选择大城市，找单位讲究舒适度，至于进工厂、去一线、到基层，或者去农村创业，他们认为自己实力超群，想也不去想。就算"委屈"一下自己，先在条件差的地方就了业，很多时候也是身在曹营心在汉，难以安下心来踏实工作，一有机会就跳槽。凡此种种，都是拈轻怕重的表现。

在工作中，拈轻怕重最明显的表现就是喜欢耍小聪明，任意挑选工作，上班不出力、在岗不办事、重担不去挑。对上级交给的任务，合口味的就执行，不合口味的就推诿扯皮、拖着不办；有的甚至讲条件、提要求、要好处等。

凡是拈轻怕重的人都缺少一种吃苦精神，他们这样做的目的就是为了让自己在工作中少吃苦，付出最少的代价，得到丰厚的报酬。殊不知，如果总是挑肥拣瘦、嫌弃工作不体面等，当然不会得到什么全面的历练，自己的能力也无法提高。

事实上，这些人并非不具备完成艰难工作的能力，只是因为他们太懒惰，过于精明，从不愿担当走向了不敢担当，结果，大事做不来、小事不愿做，最终什么也得不到。

其实，每个岗位都能锻炼人，而且越是基层的地方，接触的事情越多，所获得的经验越丰富，自己的才智和能力也提高得越快，进步也越大。从现实生活中来看，但凡在单位里受到领导重视、得到同事尊重、在事业上有大发展的，莫不是那些敢于担当重任的实干苦干者。

《瞭望》杂志上曾经刊登过向南林的事迹，他就是一个不但不挑三拣四，而且还自愿担当一些别人看起来不划算的苦差事的战士。

向南林是解放军某部维修班的一名普通战士。每年，部队都有一些装备需返厂维修，这可不是一件轻松的差事。数九寒冬，需要坐在没有遮拦的平板车上去厂家送修装备。可是，向南林没有躲避，也不会挑肥拣瘦，总是抢先揽下押运的任务。

冬天押送时，在寒风刺骨的原野上向南林无处避风，就用稻草围个窝儿当帐篷；没有可口的热饭菜，向南林就喝结冰的矿泉水，啃挂满冰碴的方便面。

就是这种看来很不划算的工作，向南林每次都乐此不疲。用向南林的话说，这"差事"很划算。因为他把这些艰苦的工作看成是对自己的历练。每次送修装备前，他都把维修时遇到的"疑难杂症"记录下来，向师傅们当面请教，对有用的资料能复制的就用移动硬盘保存下来。如今，他除了精通本专业外，还学会了火炮、油机、电工等保障修理知识，成了全团装备修理的"多面手"。

如果当初向南林总是避重就轻，怎能有今天的成绩呢？

成功需要历练，我们需要做个全方位的人才。因此，要想让自己的人生取得辉煌的成就，就需要有意识地克服拈轻怕重的思想，树立迎难而上、勇于攻坚的精神，锻炼自己敢于担当重任、不怕苦、不怕累的毅力，改变自己惰性十足的心理状态。

◇ 铲除心底的惰性，做勇挑大梁之人

凡是懒惰和拈轻怕重的人大多不敢担负重任，他们不愿承担风险，见到困难首先想到的就是躲避、逃避。这样不会显示出自己的无能，也不用担负做不好"砸锅"的责任。在这种懒惰思想的支配下，他们的工作得过且过，不会有进步，他们的人生也不会完成跨越和提升。

与不求进取、安于现状、拈轻怕重的懒惰者相比，成功者往往不喜欢安稳平庸的生活，他们喜欢接受挑战，有胆量去尝试一些困难的、冒险的、却有价值、有意义的生活。因为他们知道，当困难克服了，险境过去了，他们才会品尝到一些人生的真谛，而他们最大的收获却往往是成功的快乐。

小静刚到电视台的时候，负责初级的广告销售。作为一名刚进入电视行业的年轻人来说，在竞争如此激烈的情况下，她明白只有比其他人付出更多的努力，且不惧怕任何困难和挑战，才可以在公司中脱颖而出。

有一天，台领导对所有的销售说，台里新增了一个政治类广告，需要有人去销售。所有的销售都不希望接这个费力不讨好的"烫手山芋"。但小静觉得自己在大学期间有在政府和公共服务部门做过志愿者，对这方面应该会有所帮助，自己应该尝试一下。所以，她毫不犹豫地接受了这项任务。

虽然她刚接手时心里也有点发虚，但她没有退却，也没有避重就轻。

她看到了这个岗位是可以锻炼人的位置，可以丰富自己在业务方面的宝贵知识与技能，就毫不犹豫地接了下来，要把这块硬骨头啃下来。

当然，凭着她的艰苦努力，市场一步步被开拓起来。如今，她的业务和仕途双丰收，自己不仅变成负责高端商业客户的高级销售经理，而且还成了老板眼中的大红人。

由此可见，"烫手山芋"也是自己寻找能展现自身才华的机会。

可是生活中，很多懒惰者大多也是懦弱者，他们没有信心，怀疑自己是否有能力完成如此重要的任务，所以在责任面前一味地退缩，在面对该承担的责任时，往往会选择逃避。相反，那些勤奋的人们会开动脑筋，千方百计，想尽办法去克服困难。因此，面对工作中的重任和困难，他们不会避重就轻，而是当仁不让，承担下来，专门去"挑大梁"，通过他们勤奋的努力，开动脑筋，把烫手的山芋吃开花。

在大同水库大桥的施工中，遇到了许多意想不到的问题。本来水中立桩就挺难干的，可偏偏又碰上了两三米深的流沙层，虽然污水泵二十四小时不停地抽水也抽不干。更让人头疼的是大量的流沙伴随着水流蜂拥而至，不但挖好的桩孔瞬间弥合，就是护壁也常常被流沙冲塌，时时威胁着挖桩人员的生命。

在这种艰难的条件下，大同水库大桥施工成了项目部总体施工中的一个难点，眼看时间一天天过去，可还是没有有效的方法施工。如若不及时攻克，势必会影响石武客专线按期通车。

谁来啃这块硬骨头？面对如此大的难题和重任，人们都在观望着、犹豫着。搞不好，就会把先前的工作成绩全抹平了。

但是，躲避永远无法解决问题！此时，于天赐不服输的劲头上来了，他决心啃下这块硬骨头。他想，我们走南闯北，久经沙场，那么多大工程都完成了，难道就被几根桩基及流沙难住了？不论多苦多累多难，也要按期完成上级交给的这项任务。

于是，他开动脑筋，冥思苦想，思考解决问题的方案，同时又会同技术人员查阅相关的技术资料。通过几天几夜的努力，刻苦钻研，他们研究出几套可行的施工方案。为了保证方案的顺利执行，不顾劳累辛苦，带领他的队员们日夜奋战在施工第一线，终于完成了一个又一个施工任务，为石武客专的工程建设做出了一定的贡献。

与拈轻怕重相比，敢于啃硬骨头就是勇于担当重任的表现，这种精神值得被人称赞。当然，这种担当不是仅凭勇气，而是以勤奋努力为依托。只要勤于开动脑筋，任何困难都可以战胜。因此，对于每一个渴望成功的人来说，要想彻底铲除隐藏在心底的惰性，就要通过努力、实践来强化自己的能力，那么，成功就离我们不再遥远。

◇ 摆脱安逸，你的生活不可能永远"维持现状"

人都是有惰性的，你也许会想：做完这件事，还有另外一件事，所有自己要做的事情都是没完没了的，什么时候才能做完？很可能你现在所处的环境很安逸、很舒适，这样的环境让你产生懒惰的想法也是比较正常的。但是你们需要做的却是摆脱这种安逸的环境，摒弃眼前的这种现状。

我妹妹小玲就一直都被亲友同事称为"拖拉大神"，因为她做事实在太能拖了。周三，小玲原本和妈妈说好了回家吃饭，结果却赖在办公室上网到晚上七点多，直到最后实在不想动了，就放了妈妈的"鸽子"。

周日晚上，小玲发现本该在周五写的计划却还没有写，而这个计划下周一上班时必须要交。她纠结了半天，终于坐到了电脑前，可一打开电脑她就忍不住上网，一会儿刷微博，一会儿儿聊 QQ，结果不知不觉一下到了零点，最后不得不打着哈欠熬夜到凌晨三点才弄完。

小玲爱漂亮，希望自己能有好身材，也知道运动减肥对自己有好处。然而，她的拖延症总是让她很难自觉地去做运动。于是，她找了我来督促她减肥，不过我的监督对她的拖延起不了一点作用。她总是会找到各种借口和理由来逃避，继续拖延。

为什么拖延症患者不会主动去做一些对自己有益的事情呢？因为每

个人都愿意处在一个安逸的状态里，不愿意去改变，即使自己知道现在的选择不是最好的。

这是我们在生活中经常见到的，并不难去验证。回忆一下，当你意识到该去做某件事的时候，你有了拖延的想法，然后你就开始拖延。而当你拖延时，你一般都在做什么呢？答案是，你一屁股坐在沙发上一动不动。久坐不动的坏处，我们应该都有所了解。多年前，欧洲的医学专家就发现，人类的慢性疾病与久坐不动有关，而9%的慢性疾病与吸烟有关，也就是说"沙发猛于烟"。

为什么你迟迟不能踏出第一步？这是你强烈地维持现状的心理在作怪。你不想从现在惬意的状态里走出来。举个经常发生在拖延症患者身上的例子。你现在正坐在沙发上看电视剧，但你有一项明天必须要交的策划文案，需要你到办公桌前开始工作，可你就是不想起身。为什么呢？原因就是，你完全沉浸在安逸的生活中了。现在这么舒服，为什么要去做那些痛苦的事情呢？你的潜意识里越是这么想，你越是懒得动。这时，我们应该怎么做呢？让你直接从电视机前站起来去工作，你肯定不愿意，甚至会有逆反心理。如果是这样，你应该试着"扔掉舒适度"。

我们知道，做到从"关掉电视"，到"开始投入工作"这两个动作，需要很大的心理跨度，对拖延症患者来说这是难以做到的。这时应该先关掉电视，不要去想你接下来做什么，脑海中也别有"要工作了，关掉电视吧"这样的想法，更不要有马上要做痛苦的事情这种念头。如果被这种消极思维占据，你就怎么也不想动了。现在，要把你的思维都集中在"关掉电视"这个动作上，其他的想法都抛掉。关掉电视，从舒适、快乐的状态中摆脱出来，离开椅子，把自己置于一个中立的位置，你才能做接下来的事情。当然，接下来绝对不应该是"打开电视"。

大多数人是总沉溺于"现状"，逃避"现状之外"的事情，因而不可能去改变，所以在维持现状的状态下去循序渐进地改变。这是因为不少人做一件事都是凭着冲动，希望一鼓作气地完成它。但是，这在现实生活中并无效果，尤其是对一些需要日积月累的事情。一些人失败之后，反而会更加依赖现状，就好比减肥失败后大吃特吃一样。

想要做出一些改变是可以的，但要讲方法。你讨厌出外跑步，可以先尝试离开椅子，去外面走走。当去外面走走成为习惯，慢慢接受跑步这个观念，就能一点点改变现在的生活或工作方式。

有人说"江山易改，本性难移"，说自己没有办法改掉这种习惯是正常的。但是，我们都忽略了拖延和懒惰并不是先天的。这就像是自己收藏的古董在市场上终于有了一个买主，对方每次来买的时候你都不想卖，总想着这东西存放的时间越长越值钱，而且买主每次来的时候都会加价。可等到突然有一天市场上这样的古董价格下跌了，你就会后悔自己当初如果早就把这古董卖了，现在也就不会这么亏了。

人都有贪图安逸的思想，这也是拖延的根源之一，要想提高执行力，就要学会从安逸的现状中解脱出来，进入"勤于执行"的工作模式，这样，你就能摆脱拖延症。

◇ 懒惰与拖延，永远是一对"好兄弟"

懒惰和拖延常常是狼狈为奸的，两者经常会把你的生活搞成一团乱麻，毫无头绪。战胜拖延本身就是一场持久战，要去战胜久经岁月而沉淀下来的一种很不好的习惯，并非是一朝一夕就可以做到的。所以，在战胜拖延之前一定要做好心理准备，不能因为在短期内看不到效果就放弃。

在一本杂志上，看到过这样一个寓言故事：

有一只青蛙，它住在路边。有一天，它又开始了每一天必须要进行的工作，在大路上晒太阳。突然，它听到有同伴在叫它："嘿，老兄，老兄，你听到我说话了吗？"

它懒洋洋地睁开自己的眼睛，才发现喊它的是住在田地里的青蛙，它正在手舞足蹈地和自己打招呼，嘴里说着："你在那里睡觉实在是太危险了，搬过来和我一起住吧！这里不仅凉快，每一天都有虫子吃，不用担心温饱问题，而且这里特别安全。"住在田里的青蛙非常热情地邀请路边的青蛙。

可是，住在路边的青蛙却表现出一副很不耐烦的态度，它非常讨厌别人对它的生活指指点点，尽管它知道别人是为它着想，可是内心里还是不喜欢。它就和对方说："我在这里已经习惯了，懒得搬过来搬过去，太麻烦了，这里也很安全，而且也有虫子吃，没有必要非搬到田里去。"

住在田里的青蛙摇了摇头，无可奈何地走了。几天之后，住在田里的青蛙放心不下住在路边的青蛙，决定到路上去看看它，不幸的是，它发现住在路边的青蛙已经被车轧死了。

很多人在看到这个寓言故事之后，首先想到的就是自己，如果自己再这样懒惰下去，是不是也会和住在路边的青蛙一样难逃厄运呢？大多数人都感觉自己已经懒习惯了，突然间改变自己会很难适应，而且在短期内就得到成效也是很不现实的。但是一想到自己因为懒惰而引起的种种麻烦和后果，就感觉十分苦恼，于是就想下定决心去改掉懒惰的毛病。

拖延看起来和懒惰没有什么关系，但其实拖延的产生和懒惰是有一定关系的。戒掉了懒惰，拖延就已经成功了一大半。

延和懒惰互为帮凶，成为不能按时完成工作的两大杀手。懒惰的人其实心里形成了一种惯性，他们喜欢做事情得过且过，对于自己的工作不会有"今天的工作一定要有新的突破"这种要求，这是一种典型的"混一天是一天"的心态，过着比较散漫的日子。

相关人员对意大利居民的懒惰情况做了调查。调查显示：在意大利国民当中大概有一半的人属于懒虫，这些人平时不参加任何锻炼，不参与劳动，所以身体健康指数比较低。"在这些人中，大概有35%的男性和45%的女性属于久坐不动型的。"同意大利的懒虫比例相比，英国人的懒惰情况更胜一筹。英国最大的健康慈善团体纳菲尔德健康机构的调查数据表明：在家看电视的时候，有15%的英国人宁肯忍受着电视里演着比较无趣的电视节目，也不愿意拿起手中的遥控器去换个频道；超过一半的英国人表示，他们下班后懒得出门散步，更别说是带着心爱的宠物逛街了；还有36%的人宁愿眼睁睁地看着公交车开走，也懒得去追；59%的人表示自己懒得走楼梯，尽管自己的办公室就在二层；64%的父母表示，自己的工作太忙，懒得抽出时间陪孩子们玩，这样家庭里的孩子在学龄前因为缺乏锻炼和运动，逐渐都成了"小胖子"。而英国人逐渐变懒的原因除了因为自己的工作比较忙碌之外，更多的是过分依赖于便捷的设施设备、网络购物，经常性地使用遥控装置，不去亲身经历，这些都是导致英国人越来越懒的原因。

澳大利亚的健康保险公司也对懒惰导致的身体疾病进行了相关研究。研究报告指出，澳大利亚人 77% 的上班时间都是在自己的办公椅上度过的，另外 23% 的时间只不过是进行了一些比较低强度的运动，对于保持身体健康起不到作用，这些运动类似于起身复印文件、查资料或者是到餐厅吃饭。

由此可见，懒惰就像是一场风暴，是我们常说的隐形瘟疫，其后果很严重。我们可以自欺欺人地认为自己在偷懒，享受着偷懒之后的愉悦心情，但是事实上我们受到的伤害是任何人都无法代替的。

懒惰的人往往人际关系并不如表面上那么好，这就像是明明自己犯的错误，却要别人替你承担错误一样。办公室里经常进行轮流值日，到了该自己值日的时候，却因为懒惰的缘故不去做，最终同事看不下去了，帮你做了这件事。你事后装作恍然大悟终于记起了这件事，然后就向别人表示："真是太感谢了，下次该你值日的时候我做就行了。"但是事实上等到了第二次的时候你会继续装聋作哑，久而久之，也就没有人愿意帮你做这件事了。现在我们所处的社会比较讲究效率，每个人都在努力前行，而你的懒惰只会拖延你成功的脚步，长久下去，愿意和你同行的人就会变得越采越少。

◇ 远离懒惰，先要做到脱离懒者的队伍

想要战胜拖延，克服懒惰，并不只是用口头上的语来表达自己的这种意愿，而是需要落实到真正的实践活动中，这并不是一朝一夕就能做到的。解决一个问题，归根到底要先找到产生它的根源。有人说："懒惰是传染病，只要你的身边有一个懒人，很快就会出现第二个，逐渐增加。"这句话说得比较有道理，因为懒惰和瘟疫、病毒是一个性质的，它会从一个人的身上蔓延到一群人的身上。

西方有句名言："积极的人像太阳，照到哪里哪里亮；消极的人像月亮，初一十五不一样。"和什么样的人在一起，就会有什么样的人生。和勤奋的人在一起，你不会懒惰；和积极的人在一起，你不会消沉。

因此，如果你对自己的自控力不自信、认为自己可能被那些懒惰的同事影响的话，那么，你最好远离他们，否则，你很有可能被他们传染而成为一名真正的拖延者。

我弟弟李小磊有一次和我喝酒聊天的时候，感慨了一下他上学及工作的事情，对我感触很深。他本来是个生活很有规律的人，每天早上六点半准时起床，但上大学后，同学都起得晚，楼道里很清静。最后他也学会了赖在床上，玩会儿手机、听听歌，反正就是不起床。就这样，一直拖到了七点半才慌里慌张地起床洗漱，等到了教室之后，他发现还有很多人没到，然后他就总结出了一个道理：其实七点半起床还是早的，

应该到七点四十再起床的，这个时候到教室刚好赶着点儿，既不会迟到又可以再多睡一会儿。嗯，以后就定在七点四十起床。

以前他很喜欢收拾房间，因为以前在家里就他自己住一个房间，收拾起来也感觉很快，而且自己制造的垃圾也不多，基本上没有什么值得收拾的，最多也就是洗洗衣服扫扫地，其他的就没有了。可等到他上大学的时候，同宿舍里住了几个"纯爷们"，为了彰显自己的男子汉气概，慢慢地就学会换下来的衣服不立刻去洗，反而把所有要洗的衣服攒到一起，最后再去用洗衣机洗。他们还美其名曰：省钱又省力！

后来我弟弟毕业了，回到我们县城上班，他在刚开始的时候也是比较勤快的，老板说让他做点什么事，他跑得那叫一个快，工作的时候态度也是特别的严谨，不看网页、不挂QQ、不聊天、不上淘宝……可是后来我弟弟发现，自己真的是愚钝了。有一次给同事递文件，一不留意，他发现同事的电脑桌面上还停留在聊天的界面，人家聊天聊得不亦乐乎，随后他也学会了：你聊天我也聊天。

之后他又发现，负责跑业务的同事大多会利用外出的时间喝个咖啡、打个电话。慢慢地，他也学会了在工作中偷懒，之后就一发不可收拾，养成了自己懒惰和拖延的"好习惯"。现在每次我们一起喝酒，他总会感叹，当初如果没有学别人，自己现在肯定还是一个良好青年。

为什么身边的这些懒人会对自己造成这么大的影响呢？原因正是我们喜欢把自己的注意力放在他们的身上，根本没有在自己的工作上下功夫。只看到别人在工作的时候处于一种没事的状态，刷刷微博，聊聊天。可是有没有想过，他们有可能是已经做完了自己的工作，才去做这些消遣活动的。如果这个时候你去学他们，自己的工作不做了，开始了纯娱乐性质的消遣，那么等待你的可能就是"安排的工作没有做完，就准备晚上加班吧"。

不要把注意力放在这些人的身上，这样会让你在工作时变得更加浮躁。你也许会想凭什么别人可以聊天，自己却要工作？这样在自己的内心里就会有一种想要去模仿的冲动。但是如果你把自己的注意力从他们的身上转移出去的话，这个时候就会感觉，每当自己完成一项任务时就会有一种成就感。因为在你完成任务的时候，可能别人就在加班。

当然，我们不应该和那些"懒人"去计较一些事情，这样会打击我们做事的积极性。拿家里最常见的事情来说，加班晚回家的妻子在刚进家门的时候，就看到丈夫在沙发上跷着二郎腿看电视，桌子上扔着水果皮和坚果壳，这个时候妻子就会觉得内心极度不平衡，凭什么自己加班回家之后还要打扫卫生，还要做饭，丈夫就不能收拾吗？这样一想的话，夫妻之间很容易就开战了。这时很容易产生一种"你不做，我也不做；你懒，我更懒"的心理。

我们不要轻易就被懒人的言语和行为给"诱惑"了，事情拖到了最后总是需要解决的，如果被这样的人诱惑了，那么到了最后一刻你一定会明白所有事情积攒到一起的紧张感。更不能让这些懒人挡住了自己成功的道路，有很多的懒人都有这种心态，当自己做不完工作的时候就会向别人请求帮助，希望有人能够替自己完成。如何避免这种情况发生呢？这就需要团队进行明确分工，每个人负责一个环节，这样他就很难把自己的工作交给别人来帮忙做了。我们要牢记"近墨者黑"，远离这些懒散的小伙伴，防止自己被传染！

7

PART 7

扯掉拖延心理的华丽外衣：
掀开完美主义的虚伪面具

◇ 别太固执，缺憾也是一种美
◇ 完美主义是个陷阱，完成更加重要
◇ 改变所能改变的，接受自己不能改变的
◇ 生活在现实中，就不要总幻想童话般的爱情
◇ 收起挑剔的目光，婚姻中没有完美的男人

◇ 别太固执，缺憾也是一种美

我们往往希望自己是一个完美的人，总是怕别人看出自己的缺点。其实，世界上没有谁是完美的，每个人都有缺点。对人或者事物要求过高，刻意去追求完美与圆满，内心中不能接收一些缺陷和不足之处，便成了人生烦恼忧愁的根源。南怀瑾先生认为，事物或人有缺陷并非是坏事情，有缺陷才能够促使其更加努力，才能够逐渐地趋近于完美。

的确，生命像是一篇高低起伏的乐章，高低起伏才能够显得更为生动和鲜活。所以，生活的真相便是"不如意十有八九"。世间是没有真正完美的事物的。若一味追求完美，也是一种不完美。

有这样一则故事：

一座山上的寺庙中有几十个和尚。有一天，寺庙方丈觉得自己时日无多，就想从其弟子中间找出一个班接人来接替他，然而，弟子个个都十分优秀，他自己也不知道应该如何选择。

几天后，方丈想出了一个办法，将他的弟子全部都叫过来，并吩咐他们去寺院后面的树林里各自找一片最为完美的树叶回来。所有的弟子都不知其中的道理，但是仍旧按照师傅吩咐的去做了。

他的弟子们都来到树林，都暗想：这么多的树叶到底哪一片才是最完美的呢？冥思苦想，他们都不知道如何是好，但师父交代的任务根本不能够应付，更不能不做，于是，便在树林中仔细地辛苦地寻找起来。

结果到天黑都累得气喘吁吁，也没有能够找到"最完美的树叶"，最终都空手而归。

只有一个小和尚这样想：这里的树叶这么多，每片树叶都有其独特的美，于是便随便捡了一片，早早地回到了寺院里。

天黑了，方丈见众人都累得气喘吁吁，而且都空手而归。方丈问他们："你们都没有找到吗？"所有的弟子都说："我们竭尽全力地在寻找，但是根本没有最完美的。"唯独那个小和尚十分平静地把一片树叶交给方丈。方丈惊讶地说："你确定这片是最完美的吗？"这个和尚回答道："是的，虽然我不知道您说的最完美的树叶是什么样的，但我认为我捡回的树叶是最完美的。"

最终，方丈宣布那个捡回树叶的弟子将成为自己的接班人。

方丈的众多弟子竭尽全力也没能找到"最完美的树叶"，其根源就在于他们没有弄明白世间根本不存在完美事物的道理。

可能有人会说，我为事业付出了自己全部的精力，最终升了职，达到了自己的目的，不是一种完美吗？更多时候，一味追寻"完美"，只是人们心中的一个美丽的错觉。你要知道：世间任何事情的发展都是相对的，即使这一面看似达到完美了，另一面也难免会有缺陷，就像许许多多爱岗敬业的职员，一味地在事业上追求完美，付出了自己的全部精力和时间，也得到了一些回报。然而在另一方面，他们却丢掉了家庭、健康。对于事业来说可能已经做到了极致，但对家庭和健康来说是一种缺陷。

无可否认，追求完美是人的一种天性，这并没有什么不好。人类也正是在追求完美的过程中不断地完善自己，创造出五彩缤纷的世界。如果真的只因一点点缺憾或者一点点不足，便顽固追寻，耿耿于怀，那样就失去了一个适度的平衡，也是为自己自寻烦恼。因为你必定会要为那理想中的完美，那微小缺陷付出加倍的精力、时间、资源等等。更何况，世界上百分百的完美根本就不存在，我们所谓的完美只是一个极具诱惑力的口号，一个漂亮的陷阱。

同样，任何事物都有不尽完美的地方，人都是有缺陷的，只有放宽心，才能促使自己更加努力，就像南怀瑾所说："必须要带一点病态，必须要带一些不如意，总要留一些缺陷，才能够促使他更加努力。"这样才更容易达到最后的成功。

在大草原上，有一头雄壮的狮子叫约巴，它从小就立下雄心大志，长大后一定要做一头草原上最为完美的狮子。通过几次经验教训，约巴发现，狮子虽被称为兽中之王，但是在长跑中耐力却远远不如羚羊，这便是兽中之王最大的弱点。也正是因为有这个弱点，很多时候，到嘴边的羚羊却因为追不到而白白跑掉了。野心勃勃的约巴想方设法要力求改变自己的这个缺点，通过长期对羚羊的观察，认为羚羊的耐力与吃草有关系。为了增强自己的忍耐力，约巴就学着羚羊吃起草来。最终，约巴因为长期吃草的缘故变得很瘦弱，体力也大大下降。

它的母亲得知这一情况后，就教育他说："狮子所以能够成为草原之王，不是因为其没有缺点，而是因为它们在长期的生存过程中能够时时地更正自己的缺陷，才超越其他动物的。例如狮子天赋特长，具有超强的爆发力，卓越的观察力，精准的扑咬等等。若是一味地去追求完美，会导致自己的天赋和特长都不能很好地运用，反而达不到目标。"

听了母亲的话，约巴真切地认识到了自己的错误，开始更加突出自己的优点，两年后，它终于成为大草原上最优秀的狮子。

哲人说："不求尽如人意，但求无愧我心。"要知道，在这个世界上，真正的完美是不存在的。追求完美只是一种憧憬，一个向往，只是生活的一个过程和体验而已，只要做到问心无愧就是一种完美了。

"为山九仞，功亏一篑"虽然是一种遗憾，但"金无足赤，人无完人"是一条亘古不变的真理。人生总会有不尽人意的事情，出现了缺憾，我们需要保持一颗平常心，对于各种得失、缺憾和成败都泰然自若。如此才会发现缺憾就如那断臂的维纳斯一样，也是很美的，这样也就不会为了如同空中楼阁的完美而耗费掉自己的心血了。

留有一些缺陷，才能使自己做到更为完美。任何一个人都不是十全十美的，也不可能做到哪方面都比别人强。一方面的突出特长就已经非常优秀了，若是还要事事处处追求完美，最终可能连第一方面的特长都会退步。

◇ 完美主义是个陷阱，完成更加重要

在我们的周围，有这样一些人，他们工作认真、能力突出、勤勤恳恳，一些能力不如他们的人都已经成绩十分显著了，但他们却总是无法成功，究其原因是什么呢？在排除其他因素的情况下，他们很可能是陷入了完美主义的泥沼。

不知你是否有这样的感受，在当你着手准备做某件事前，总感觉计划不周密。于是，为了完善你的计划，你迟迟未动手；在接到上司的某件任务时，你发现上司的方案有个不如意的地方，为此，你花费了大量的时间去求证，最终也延误了上交任务的时间；购物的时候，对那些打折或促销的产品不屑一顾，认为它们必定有着瑕疵；对于工作中那些看起来十分随便的人，你嗤之以鼻，认为这是不负责任的表现。

如果你有这样的表现，那么，很有可能你是一位完美主义者。对于完美主义者而言，它们着眼于细枝末节的事，认为要做好一件事，必须考虑每一个因素，然而，世界上本就不存在绝对的完美，它只是美好的愿望而已。我们在做一件事时，完成远比完美更靠谱。举个简单的例子，领导交代给我们某个任务，他要看到的只是工作成果而已，并不是完美无瑕的艺术品，如果我们一味地考虑其中可能出现的漏洞而不去实现的话，那么，在领导眼里是看不到你地努力的。并且，绝对完美的事是不存在的。任何一个高效率的工作者，也会秉持"八分原则"，也就是允许二分的瑕疵存在。

如果我们细心地观察就会发现，我们周围那些忙碌、不拖延的人，也多半是机动灵活的，他们总是能以八十分就可以的态度完成十分艰难的工作。而完美主义者，因为总是将精力放到过多的细小问题上，要么拖延不动手，要么放缓了行动的速度。要知道，我们若想在这个高压的现代社会快乐、轻松地生活，还是应该摒弃完美主义。

可见，凡事都有个度，追求完美到了一定的地步就变成了吹毛求疵。如果不达到想象中的彻底完美誓不罢休，就是和自己较劲了，长此以往，我们不但会养成拖延的坏习惯，还会让我们的心里有解不开的疙瘩，我们自己也会渐渐承受不了这种越来越沉重的负担。

我有个做编剧的朋友小陈，从学习编剧的那一天起，小陈就对自己的情节掌控能力非常自傲，他觉得自己写的作品一定能够大红大紫，他不允许自己的作品出现瑕疵，他对剧本的要求异常苛刻。在他看来，剧本中出现错误，是不可饶恕的错误。

他是个新人，但他认为自己的水平绝对是大神级的，只要自己把作品交出去，影视公司会争着抢着选用。然而，他的心里却又有些害怕。害怕那些影视公司"有眼不识金镶玉"，害怕没有人欣赏自己的才华，害怕自己的作品不被认同，害怕被影视公司拒绝。

被拒绝了，就代表他没有能力，他小陈所谓才子的名头实际上都是浪得虚名，他小陈并没有传说中那般优秀。这些，都是小陈无法接受的。

所以，小陈开始矛盾，并在矛盾中拖延，拖延去写剧本，拖延交稿，不愿意将稿子送到任何一家影视公司。每当有人问起他的工作进展时，他都会说："等我写好了，一定会大红大紫。"

至于，剧本到底什么时候能够写好，恐怕小陈自己都不知道。

一个粉嫩新人能够变大神吗？能！但那需要时间，需要积累，需要努力，也需要运气；一个粉嫩新人能够立即变大神吗？不能！如果能，大神们将情何以堪。

对自己的要求高一些，对自己的期许高一些，这没有错，没有高的目标，就没有进步的压力和动力。

但是，金无足赤，人无完人，这个世界上从来都没有什么东西是完美的，即便美丽如维纳斯，也缺少左臂，尚且我们只是凡人。虚妄地去追求本就不存在的绝对完美，只能让我们在拖延的怪圈中溺毙。

有这样一个笑话：一个人来到一家婚姻介绍所，进了大门后，迎面又见两扇小门，一扇写着：美丽的，另一扇写着：不太美丽的。这个人推开"美丽"的门，迎面又是两扇门，一扇写着"年轻"的，另一扇写着"不太年轻"的。他推开"年轻"的门……就这样一路走下去，男人先后推开九道门，当他来到最后一道门时，门上写着一行字：您追求得过于完美了，到天上去找吧。

笑话当然是笑话，但是说明一个道理：真正十全十美的人是找不到的，我们不要过分追求完美。

的确，无论是工作还是生活中的烦恼，大都是因为过分追求完美而产生的。如果我们苛求自己，或别人把每一件事都做得完美无缺，那么我们将会失去很多东西。这个世上本来就没有完美的东西，如果一味地追求，最后得到的反而是不美。

总之，人生是没有完美可言的，完美只是在理想中存在，我们的工作和生活中总是有令人不满意的地方。事实上，追求完美的人是盲目的。"完美"是什么？是完全的美好。这可能吗？"凡事无绝对"，哪里来的"完全"？更不要提"完美"了。既然没有"完美"，那又为什么要去寻找它呢？

◇ 改变所能改变的，接受自己不能改变的

　　生活总没有我们想象的那样完美，有太多我们无法逾越的墙。当我们无力去改变一件事情的时候，我们就要改变能改变的，接受不能改变的。如此，我们的生活、工作才能继续下去。

　　每个人从出生到死亡都要经历许多事情，这当中有幸福，同样也有无法改变的不幸。做一个坚强积极的女人，不仅仅要知道如何欣喜地接受幸福，也要知道如何去坦然地承受无法改变的不幸。只有能够承受不幸的人，才能够享受幸福的甘醇，也才能好好地把握手中的幸福。

　　不幸对于每个人来说都是一个噩梦，人们都不希望遇到它。但是不幸往往都是不期而至的，不由人控制。我们只能尽可能地避免不幸，但是，有一天当不幸真的降临的时候，我们要做的不是害怕，不是躲避，而是要去面对和接受，学会从不幸当中吸取教训，从不幸当中找到希望，最后战胜自己，集聚心理的力量，去征服不幸，获得幸福。

　　从不幸本身来说，的确是不好的事情，但是如果从一个人的成长来看，它并非绝对是一件坏事。经历过不幸洗礼的人，往往更坚强、更具有毅力，更懂得珍惜，因而也更可能取得成功。

　　每个人都向往幸福，但是遇到不幸的时候，却能考验出我们的坚韧和毅力，是懦夫还是强者，在不幸面前往往看得清清楚楚。而聪明的人都知道，不幸也往往是跨向幸福的过关考试，通过了不幸的考验，才能够有资格拥有幸福，也才能够学会珍惜手中的幸福。

美国著名的脱口秀新闻节目主持人莫妮卡，以她敏捷的反应、幽默睿智的语言征服了美国亿万观众的心，然而要问起美国人最喜欢莫妮卡哪一点，人们会说是她的坚强和坦诚，是她面对不幸的勇气和毅力。

莫妮卡从小出生在美国黑人聚集的贫民区。她膀胱长在体外，无法正常排泄，她很怕别人像看怪物一样看待她，因此从小就一直躲在屋子里不敢出去。她的父亲很早就去世了，母亲带着她再婚了。但是继父对待她们母女非常不好，经常殴打母亲。甚至在莫妮卡十五岁的时候，趁她母亲不在，强奸了莫妮卡。这个残疾的黑人女孩，无法承受生活的不幸和痛苦，她甚至想到了自杀。但是内心深处的坚强让她活了下来，她知道，软弱和躲避不是对付不幸的办法，而只会招致更多的不幸。对抗不幸的最好办法就是接受它，面对它，和它斗争。

从那以后，莫妮卡不再怕别人的取笑，她大胆地走出屋子，和同龄人一样去上学。虽然同学们都用惊异的眼光看她，但是她毫不畏惧。她努力学习，一心想凭借自己的能力走出那个地狱一般的家。十八岁的时候，莫妮卡以优异的成绩考上了一所大学，她终于可以离开家了。后来，她将自己的继父告上法庭，让他得到应有的惩罚。

莫妮卡最大的梦想就是成为一个电视节目主持人。很多人都认为她不可能实现这个梦想，但是莫妮卡坚定地向自己的理想努力。她苦练口才，并且在大学期间搜集了大部分电视节目主持人的资料，细心揣摩。她积极参加学校的每一次活动，虽然有人讥笑她的残疾，但是她从不在乎，而是在演讲台和主持台上自如发挥，用自己的才能让那些讥笑她的人目瞪口呆。大学毕业后，经过自己的努力，莫妮卡最终实现了自己的梦想，成为一位节目主持人。而且她创立的脱口秀栏目形式，使她成为这个节目形式的第一个女主持人。

可以说，是不幸让莫妮卡过早地领略到了人间的疾苦，同样也是不幸，让她具备了坚强的人格和强大的心灵，帮助她实现了自己的理想。

不幸只是我们生命当中的一种颜色，当不幸过去之后，我们会发现自己变得坚强、成熟了许多。所以，面对不幸的时候，我们不要去抱怨，要去想如何尽快结束不幸，化不幸为力量，最终走上幸福之路。

有这样一个年轻的母亲，因为怀孕期间不慎服用了感冒药，她的儿子出生后，听力受损，无法和正常的孩子一样说话。这个母亲面对突如其来的打击，非常痛苦，但是她很快接受了事实，积极地寻找解决的办法，她带着儿子走遍了全国的各大医院，但是都没能让儿子的听力恢复。

后来在北京一家医院里，一个专家告诉她，她的孩子只是听力受损，发音能力和视觉能力是正常的，只要教给孩子如何发音，他完全可以根据口形，和别人进行正常交流，甚至可以进入学校学习。这位母亲听到后高兴坏了，她回到家，买了教材和各种资料，连夜阅读，之后开始一个字母、一个音节地教给儿子。起初，儿子怎么学也学不会，一个简单的发音"huā"，就学了一个星期。很多人说，这样学下去，什么时候才能学会说话？但是这位母亲不放弃，她仍然坚持每天让儿子坐在对面，教他发音，教他如何辨认自己的口形。经过三个月的努力，儿子终于可以说一些简单的词和对话了。当儿子第一次叫出"妈妈"两个字的时候，这位母亲激动得热泪盈眶。

在母亲的指导下，儿子和普通人进行简单的对话已经没有问题。但是转眼到了儿子上学的年龄，所有学校都认为他是残疾人，拒绝接收，让他到聋哑学校去。母亲认为自己的儿子已经具有正常的学习能力，一定能和普通的孩子一样学好，于是，她买来小学课本，自己教儿子读书。到了高中，为了能够帮儿子补课，她自己报了成人大学去学习，之后回家慢慢教给儿子。功夫不负有心人，在儿子十八岁那年，他以优异的成绩考进了某所知名大学，成为一名大学生。

可见，面对不幸，如果我们能够坚定信心，用自己的方式去解决，那么不幸的阴影就会逐步消失，取而代之的是成功的欢乐和喜悦。但是如果我们选择妥协，选择放弃，选择随波逐流，那么我们将会面对越来越多的不幸。

其实不幸就像恶魔，越是害怕它、躲避它或者纵容它，它就对我们越凶狠、越贪婪、越残忍，但是如果能直接面对它，表现出我们的坚强和勇敢，与它搏斗，与它抗争，那么它就会被我们征服，最后灰溜溜地逃走。不幸是很可怕，但是如果我们能够用正确的心态面对它，就能将它变成幸福。

台湾有个女孩叫黄美廉，她从出生开始就患有脑瘫性麻痹，下半身瘫痪，听力和视力受损。但是她的父亲坚持认为她是一个神童，认为她可以成为一个优秀的人。父亲从来没有把她当一个残疾孩子对待，而是积极地培养她，教她各种知识。后来，黄美廉不仅成为奥林匹克数学竞赛的冠军，而且她的小提琴拉得很棒，还弹得一手好钢琴，还会写诗、作画。她后来通过常人难以想象的努力，获得美国加州大学艺术学博士的学位。很多中学都邀请这个虽然残疾但是才华出众的姑娘到学校去演讲。

有一次，在一个中学的演讲会上，一个女学生问黄美廉，你为什么总是能保持那么快乐？又怎么能取得那么多成就呢？黄美廉笑着转身在黑板上写下了：第一，我很可爱；第二，我的腿很长很美；第三，我的爸爸妈妈很爱我；第四，我会画画；第五，……之后，黄美廉说，所以，我只看我有的，而不去看我没有的。

对于心态良好的人来说，不幸只是前进路上的一粒小小的石子，偶然被脚下绊倒，只要抬起脚，向前迈进一步，就可以将不幸跨越过去，重新回到平坦宽阔的大路。

对于好心态的人而言，幸运女神终会向她走来。所以，朋友们，坦然去面对无法改变的不幸吧，不要哭泣，而是要积极去抗争，之后你就会发现，不幸过后，幸福变得更甘醇、更甜蜜。

◇ 生活在现实中，就不要总幻想童话般的爱情

小时候，我们总是喜欢捧着童话书看，却从来不知道真正的王子和公主是什么。长大了，我们幻想遇到属于自己的王子或公主，虽然不知道他（她）什么时候会出现。

可是现实生活中，真的有王子和公主吗？是不是每一段爱情都能像我们想象得那么美好呢？世界上真的有童话般的爱情吗？

我们常常看到电视、电影里的男女主角，男的帅，女的漂亮，于是就常幻想，要是自己也可以遇到像王子（公主）一样的另一半该多好啊！即使不能找到那么完美的人，如果能拥有那么一段荡气回肠的爱情也好啊！

可是，平凡的世界里，往往很难像我们预计的那样美满。毕竟那些王子公主的童话只是作家编撰出来的故事，是一种现实的升华。现实中的爱情往往是平淡的，如果眼睛总是盯着那些虚无的幻想，也许会错过身边很多的真实风景。待到年华已逝，发现童话世界的不可靠，再回过头来寻找现实中的美好，那时候恐怕已经人去楼空了。

所以，那些还在做梦的青年男女们，赶紧醒过来吧！抓住身边的平凡爱情才是一生的归属，而那些童话般的梦，终究只是闲来无事时的一种幻想罢了。

小月是个可爱又浪漫的女孩，她从十八岁起就幻想自己一定要遇到

心目中的真命天子，她希望他有清澈的眼眸，笑起来会露出白净整齐的牙齿；她希望他会写一点小诗，有时候有点忧伤，有时候又很开朗；她还希望他是个体贴的男人，会在她不开心的时候哄她，会偶尔给她制造一些小浪漫。

现在的小月已经二十八岁了，但是她至今没谈过一次恋爱。其实她的身边并不乏追求者，却没有一个符合她心目中的标准，她是个固执的女孩，即使有时候也会羡慕身边的朋友都成双成对，但她总是告诉自己"宁缺毋滥"。

后来，她换了一份工作，偶然发现自己的老板几乎符合她心中白马王子的一切标准，从看见这个男人的第一眼开始，小月就爱上了他。经过一段时间，老板感觉到了小月对他的感情，于是也开始对小月产生了超过上司对下属的那种关心。小月觉得自己就像是童话里的公主一般幸福，这样的幸福感让她觉得既兴奋又不真实。

可是，突然有一天，一个穿着贵气的女人闯进了办公室，拿起桌上的水就朝小月泼过去，还骂了很多难听的话。小月这才明白，自己一直追求的崇高爱情，原来是别人眼中最不齿的第三者。她仓皇地逃出了办公室。

后来，老板又打电话来，小月没有接他的电话。她的心像是从天堂摔到了地狱，曾经那么向往的美丽爱情，到头来也不过如此，她梦里的那个王子竟然是个如此荒唐的男人，她恍然间觉得自己是那么的可悲、可笑。

也许幻想会让爱情蒙上一层美丽的面纱，可是当那层虚无的面纱揭开时，你是否能承受得起那份美丽背后的现实呢？不要把爱情编织成一个超出现实的梦，也不要期望身边爱你的那个人变成你想象中王子（公主）

的样子，这样的奢望只会让你在幻想中慢慢地失落，从而变得一无所有。

　　还是让我们珍惜眼前人吧！也许，此刻站在你身边的那个人，离你想象中的标准差了很多，但他（她）可能是这个世界上独一无二最爱你的那个人；也许他（她）在你的生活里从来没有制造过一点点惊喜，你们的日子每天都围绕着柴米油盐，但平凡之中，你们成为彼此的习惯，他（她）一句关心的话，一顿早餐都是浪漫的积累啊！

　　爱情不是一定要每个人找到心目中的公主或者王子，也并非轰轰烈烈的才称之为爱情。只要彼此相爱，有时候平凡也未尝不是一种幸福！

◇ 收起挑剔的目光，婚姻中没有完美的男人

　　世界上没有完美的男人。当你和老公生活在一起的时间逐渐变长，双方都会缩小对方的优点，放大对方的缺点，这就需要一个磨合的过程。有的女人在发现老公的某一缺点时，总会揪着他的这个短处不放，并且成为每次争吵时攻击的理由，这样的做法是相当不明智的。

　　夫妻之间想要拥有幸福的婚姻生活，需要的就是宽容和谅解。婚姻质量好坏的前提就是彼此之间的包容，发现对方的长处，忽略对方的不足，你如果死盯他的短处不放，自己自私的一面就在无形中被暴露出来。如果总是提到老公的不足，不仅伤害了老公的自尊心，更加速了婚姻的破裂。

　　齐露的老公有便秘的毛病，每次上厕所都要四十分钟到一小时，而齐露一开始并不知道这个情况。一天，齐露早晨起来着急去厕所小便，发现老公也在卫生间，齐露就问老公多久能"解决战斗"，但是都没得到老公的回应。

　　齐露害怕了，她认为是不是老公在卫生间里昏倒了，就开始砸门，边砸边喊："老公你怎么了？你怎么不回答我啊！"这样，她老公才勉强回了她一声。齐露很生气，质问他为什么不出声让她担心。她老公说上厕所不能说话否则会肾亏。

　　后来矛盾升级了，齐露的老公每次都起来得比齐露早，所以齐露每天早上都要忍很久才能上厕所。于是齐露要求她老公在早上去厕所之前

先叫一下她，她只要一分钟就搞定了。但是齐露的老公早上从来没叫过她，所以齐露开始反击了。她每晚很早就睡觉，为的就是第二天一早先老公一步把卫生间"抢到"。

现在换成齐露的老公踹门了，后来发展成用椅子砸门，再后来吵架齐露都是拿老公上厕所的事作为导火索，最后的结果就是离婚。

每个人都有一些或大或小的毛病，如果女人们能用一颗宽容和理解的心去对待自己的老公，遇到问题的时候商量着去解决，这些毛病不仅不会成为婚姻的绊脚石，可能还会转化成夫妻间的浪漫元素。所以女人一定不要揪着老公的短处不放，更不要在每次吵架的时候揭老公的短，让他男人的自尊心受到严重伤害，最后导致不可挽回的结果。

生活中，每个人难免在无意间会犯下一些错误。当你犯错误的时候得到了别人的宽容和原谅，那么，当别人犯错的时候，也请你用这样的方式去对待别人。其实，紧抓老公的错误不放，自己会比他更痛苦。每个人身上都有缺点，也难免会犯下一些错误。人性的弱点就是这样。同在屋檐下，夫妻间总是戴着显微镜去看待对方，大部分时候，我们总会忽略对方的优点，放大他的缺点。

一个女人刚结婚不久，她总喜欢在父母面前抱怨老公的不是。父亲听了，在一张白纸上画了一个黑点。然后，他拿着这张带有黑点的白纸问女儿："白纸上面是什么啊？""当然是黑点啊。"父亲再问："那你还能看到什么呢？"女儿仍然说："我只能看到一个黑点啊！"父亲说："难道除了黑点，你就看不到其他这么一大片白的地方吗？"聪明的女儿马上理解了父亲的用意。

回到家中，她换了一种眼光看丈夫。观念的转换，让她发现了丈夫身上的优点和闪光点，她这才想起那句话"入芝兰之室，久而不闻其香"，原来自己总是在放大丈夫的不足而忽略了他的长处啊。

很多的女人都对丈夫的"黑点"一目了然，如果一"点"障目，天长日久就会越看越黑，因此，夫妻感情难免被看出枝枝节节，等到修剪时就困难重重了。俗话说"金无足赤，人无完人"，事物都有正反两方面。如果你只看到黑点，那么，你的世界只会是一片黑色，它让你产生了诸多负面情绪，这些负面情绪使你丧失了原本属于你的幸福感；如果你看到的是一大片白色，那么，你的心境将会变得无比清净，烦恼和争吵也将会在你的世界里不复存在。

在对待丈夫无关痛痒的"黑点"问题上，我们可以视而不见，多些包容和谅解，才可以在会心一笑中擦去"黑点"。让女人看到整张白纸就会变得宽容，从而增长一分理智，一颗暖人的爱心。

女人们，请收起挑剔的目光，拿起扩大优点的放大镜，以律人之心律己，以恕己之心恕人，你会发现那个黑点竟然是那么渺小，你不会因此而再烦恼，你会觉得自己还能拥有这么多白色的地方。你心中有了这张白纸，老公的短处也就变得微不足道，随之你们的婚姻生活也会变得幸福和谐。

8

堵住拖延心理的冠冕借口：
让借口没有说出的可能

◇ 拖延的任何理由，都只是一个借口

◇ 找一堆理由辩解，真的可以把责任推干净吗

◇ 担起你的责任，这里是无借口区

◇ 每个人都有自己的职责，你要做的就是完成它

◇ 把借口从你的字典中，彻底剔除

◇ 拖延的任何理由，都只是一个借口

永远也不要想着将今天的工作拖延到明天再去做！如果在工作中你总是指望着明天，那么你就已经失败了，因为明天之后总还有另一个"明天"。一个不为自己找借口的人往往是从今天、从现在做起的！我们没有其他选择，因为对于现在的我们来说时间是有限的，而我们能够有所作为的正是这有限的时光！而拖延则是成功的最大劲敌，任何拖延的理由都会有一个借口！这是工作中最不可饶恕的恶习。

"我忙了一天，都快要累死了，这点事还是留到明天再处理吧！"上班族说。

"这个事情投入太大了，反正不着急，还是留到以后再做吧！"公司老板说。

"家昨天就打扫了，还算干净，今天就不打扫了。"家庭主妇说。

"假期还有很长，作业今天不写也没关系。"学生说。

……

很多人都会为自己的拖延寻找各种各样的借口，所以，千万别把任何计划的起点都定在明天，因为当你正计划着明天的种种"美好"时，不知不觉中就为自己找了借口，而时间也渐渐地从你的借口中悄然地流逝。

今天的工作没有处理完拖到明天解决的话就有可能变得更困难，而且明天还有明天的事情。长此以往，事情就会越积越多，当你每天都在

压力下处理繁重的工作，渐渐地工作就会变成沉重的包袱，而拖延就是勒在你脖子上的绳索，让你不堪重负，让你喘不过气来！

海尔总裁张瑞敏在空闲时间里会去巡视一下自己的公司。

有一天深夜，他发现一间办公室的灯还亮着，可能是员工下班的时候忘记了随手关灯。一向严厉的张瑞敏肯定不会饶恕这种浪费行为。

他走到那间办公室推开门一看，一位员工正在打字机前忙碌着。

"我们并不鼓励疲劳工作。"张瑞敏轻咳了一声。

"对不起，董事长，由于多了一份资料需要处理，所以我打算留下来做完。"

"那也可以等到明天上班的时候再做啊。"张瑞敏的口气缓和了下来。

"因为这是今天的工作，我必须今天做完，明天还会有新的工作要完成！"那位员工毫不犹豫地说。

张瑞敏震惊于这位员工对工作负责的态度和毫不拖延的工作作风！

第二天，这位员工就成了张瑞敏的私人助理。

一张地图，不管比例多么精确，如果拖延着而不去旅行，就永远不可能带着它的主人在地面上移动半步；一个国家的法律，不论多么公正，如果迟迟得不到执行，就永远不可能防止罪恶的发生；一张藏宝图，即使是所罗门的羊皮卷，如果拖延着而不马上动身去寻找，就永远不能带来任何财富；一个人，即使拥有渊博的知识、丰富的经验，如果每件事情都拖延，也只能落在别人的后面，永远与晋升无缘！

如果公鸡每天拖延两个小时才开始报时，那么世界会变成什么样子？同样，不难想象，如果凡事拖延，我们的人生又将是什么样子！

执行就是一场战斗，要想取得胜利，必须要有高效的、战斗力强的人。

因为来一场成功的执行是绝对不需要那些拖拖拉拉、没有时间观念的人。

成功的人每时每刻都在重复这句话，直到它好比呼吸一般，成为一种赖以生存的本能，成为一种终生相伴的习惯！

千万别试图为自己寻找任何拖延的借口，尽管可以毫不费力地找出成千上万个，拖延的任何理由都是借口。成功不能等待，如果你拖延，成功就会投入别人的怀抱，永远弃你而去！

◇ 找一堆理由辩解，真的可以把责任推干净吗

"如果不是昨天停电了，我一定会完成工作的。"

"如果不是因为堵车，我一定早就接到了客户。"

"如果不是用户太挑剔，我肯定能及时完成的。"

如果别人那里不出现纰漏，你一定不会出现这样的问题，不论是什么原因，总之你没做好的原因肯定不是你的。很多人总是找借口毫不费力，而且可以轻松自如地为自己的失误找到合理的解释。于是，他们可以心安理得，可以安于现状，可以安心地去忙别的事。但是，你一定要记住：借口越多，你成功的概率越小！

趋利避害是人的本性，工作中，我们遇到的和挫折实在太多，在我们某项工作不能完成，要面对同事和老板的指责时，找借口掩饰，是人的本能。虽然你可能因为成功地"骗"过了上司而感到庆幸，殊不知，这样的借口毁灭了你多少机遇，使你的成功成了泡影。

不管你犯了任何错误，都不要找借口，哪怕是看起来很合理的理由，因为找借口对你的成功毫无益处。你只有克服掉所有可以作为理由的困难，才能逐步靠近成功，否则成功将离你越来越远。

人都是要面子的，大部分人在工作中出现错误时，就会找出一大堆理由来为自己辩解，并且说起来振振有词、头头是道，认为这样就能把自己的错误掩盖，把责任推个干干净净，但事实并非如此。也许同事会原谅你一次，但不会一而再、再而三地原谅你。你为自己寻找理由开脱，

不但不会让事情朝着好的方向发展，而且还会让事情恶化。如果你能承担自己的责任，通过所犯错误得到教训，在今后的工作中才能更加谨慎，同时别人才能接纳你、包容你。

美国有好几家大型航空公司，如美联航、美洲航、三角等，都拥有数百架的飞机，和它们相比，仅有约三十架飞机的捷蓝航空公司在美国航空界实在是不足为道。但就是这家成立不久的小公司，自 2001 年 "9 · 11" 事件以来，在一片低迷的航空市场上的表现却让人吃惊。据数据显示，在 2002 年前捷蓝航空公司三个季度的总营业额已近五亿美元，收入达到了四千万美元，一举超越 "老大" 西南航空公司，名列全美第一。

一场突如其来的冰雹在 2007 年 2 月 14 日这一天，突袭了纽约肯尼迪国际机场，而捷蓝航空公司的最大枢纽所在地也恰恰正是这里。机场跑道结冰，多架航班延误，一千多架航班被取消，导致很多乘客在停机坪上的等候时间长达十一个小时，这一事件对于一家航空公司而言无疑是致命的，继而引发了公司股票下跌，经营管理陷于混乱。

这是不可抗拒的天灾，但捷蓝航空公司并没有因此作为理由来推脱责任，而是主动承担责任。公司高层迅速做出反应，在一些主流媒体里主动承认错误，并承诺，旅客的损失一律都由公司承担，此外捷蓝也做出了赔付一千六百万美元的免费机票券及承担四百万美元的其他开支的实际行动。

通过这次事件后，捷蓝进行了大刀阔斧般的改革，使公司在未来遭遇类似事件时，能很好地掌控局面。比如说整顿信息系统，将公司网站升级，可以在网上更改或预订机票。除此之外，如果再次遇到类似事件，捷蓝 "特勤" 队将在第一时间奔赴机场，帮助进港飞机做好再次起飞的准备。

很多人都喜欢在实际工作中为自己所犯的错误进行辩解，因为他们认为承认错误有失自尊，面子上过不去，害怕承担责任，害怕受惩罚。其实这时的解释并不能起到什么作用。勇于承认错误，你在别人心中的印象并不会因此而贬值，反而会赢得别人的尊重和信任，你的形象会在别人的心中高大起来。

马尔斯是一家商贸公司的市场部经理，因为偶然的疏忽，他犯了一个错误，没经过仔细调查研究，就批复了他手下一个业务员为纽约某公司生产十万部高档相机的报告。然而等产品生产出来准备报关时，那个职员早已被"猎头"公司挖走了，他手上的客户名单当然也随之而去了，结果是，如果那批货运到纽约，根本就没有人购买，货款自然也会打水漂。

马尔斯为这批货焦虑了好几天，一时也想不出补救对策，正在这时，老板来他的部门例行视察。马尔斯经过考虑，决定全盘托出，马尔斯就立刻坦诚地向他讲述了一切，并表示："这是我的失误，我给公司造成了损失，但我一定会尽力让公司的损失减少到最低。"

老板被马尔斯的坦诚和勇气打动了，答应把这件事全盘交给他，让他负责到底，马尔斯从自己的账号拿出一笔钱，马上去了纽约。他找了很多关系，经过积极争取，为那批高档相机联系好了另一家客户。一个月后，这批照相机以比那个跳槽的职员在报告上写的还高的价格转让了出去。最终马尔斯得到了老板的嘉奖。

在职场生涯中，没有人会希望自己是"捅娄子"的那个人，不过我们在办公室中接电话、打订单、收发信件……总是有"八百件"事情同时在处理，万一前晚失眠或是偏头痛作祟，除非你是机器人，否则都有出错的时候。在工作中，就算你找出千万个理由为自己辩解，错误也不会消失，你还不如立即行动，尽自己最大的努力，使错误的损失减少到最小。只要你能够妥善处理自己的过失，即使最后还是必须为错误付出代价，至少你在同行眼中留下负责任的好名声，这个好名声会一直跟随你，助你尽早成功。

任何人都会做错事，只是每个人对待它的态度不同，例如有些人明明知道自己做错了，却硬说是别人的错，工作失误时，推说上司或同事交代不清楚。其实，为自己找理由辩解，并没有勇于承认错误高明。如果你觉察到有人认为你做错了，或者想指出你做错了时，你就应该自己先讲出来。只要勇于坦白，不管是上司还是同事，他们对此会宽宏大度，因为具备认错勇气的人毕竟是可贵的。但是，如果你不仅意识不到自己的错误，还试图为自己的错误辩解，那么你只会在错误中越走越远。

◇ 担起你的责任，这里是无借口区

我们在生活中观察，发现那些成功者往往是有担当有责任心的人，而那些碌碌无为者，总是为你自己找很多借口来解释自己的失败或平庸。比如，上班迟到会以堵车、闹铃坏了等小事为借口；工作没完成会有难度太大、资料不全等借口……之借口很多。并且，一旦时间长了，就会形成每个人都去努力地寻找借口，以此来掩饰自己的过错。

可事实上，这样为逃避责任而寻找借口的人不在少数，他们一般在出了问题时能推脱责任就不承担责任。其实，责任不是我们想扔就可以扔掉的。如果你放弃了自己对工作的责任，也就意味着放弃了更好的发展机会。只有那些在工作中勇于承担责任、对工作充满责任感的人，才会被赏识、被重用。

经常听到这样的话："这不归我管。""我很忙，实在没时间考虑那么全面。""我试过了，真的没办法。"……其实有些事情，很多人不是不会做，也不是没办法做，而是不想对做事的结果负责。这些员工，何来敬业可言？

我有一个朋友叫叶丽，她一毕业就进入了一家建筑公司，同时招聘进来的还有好几个大学生，在老员工眼里，这群大学生被称为"草莓族"，因为他们青涩、幼稚、基本没有工作经验。

这群"草莓族"一开始都被分配到不同的岗位，大多数都在基层部门。

叶丽被分配到公司做行政人员，实际上也就是打杂的职位，她却完全不像其他的"草莓族"同事，一面抱怨工资太少，一面躲在电脑前聊QQ。

叶丽分配到的工作非常无聊，每天上班的任务就是拆应聘信并翻译，量大枯燥、索然无味，却忙得四脚朝天。可是叶丽不急不躁，一直耐心仔细地做，有空闲时间还给老员工打下手，问问他们有什么需要帮忙的。

一年后，叶丽被提升为办公室副主任。升迁的原因是：一个名牌大学毕业的硕士生，每天不厌其烦地拆信，并在几十封信中，找到优秀的应聘信推荐给外国上司，将她出色的管理才能展示出来，因而受到了赏识。

虽然升职了，叶丽依然是大家眼里最负责任的员工，她常常在工作中鼓励工人们学习和运用新知识，还常常自拟计划，自己处理一些业务上的事情，请大家给她提建议。只要给她时间，她便可以把上司希望她做的所有事做好。

总裁认为：叶丽始终忠于职守，把自己责任范围内的事情做到有声有色，这样的人是每个企业都渴望得到的人才。

就这样，叶丽通过勤奋的工作抓住了一次次的机会，用了短短五年的时间，便升迁到了公司的副总经理。而这时，和她一起进公司的同学，最好的也只是公司里的小领导。

职场上，老板对员工的评价，不是看他是否是新人以及是否具备相应的资历和年限，而是看他是否有责任心。如果你对承诺做到的事情认真负责，结果绝对不会令大家失望。当同事与你约定了工作任务，你能一一遵守，那么，你就是大家眼中有责任心的员工。

对于员工而言，工作做不好的原因就是没有责任心，没有责任心会阻碍他们的潜力发挥出来。当今社会充满挑战，想要让自己脱颖而出，就一定要付出超出常人的努力，不能有一些懈怠，并勇于在工作中承担困难。

职场中那些取得成功的人，不仅能够养成尽职尽能的工作习惯，而且还把这种习惯延续到生活中，比如许多人外出总要带上一只旅行杯，旅行杯的盖子一定要盖好、拧到位，否则杯里的水就会洒出来，旅行杯的盖子如果拧不到位，就等于没盖盖子。由此可见，工作中有哪个环节没做到位的话，就不会收到预期的效果，甚至所有的努力都会付之东流。

以前写稿的时候，认识了某出版社的编辑李利。他伶牙俐齿，文章写得也不错，人也聪明，但是他也有不少和聪明人一样的毛病，对自己的工作马虎大意，而且喜欢狡辩。每当主编指出他负责的稿件中"的"、"地"、"得"混淆的错误之后，他总说："这个不算什么大问题啊，你为什么不看我文章写得怎么样，老盯着这个？"主编看着他笑笑说："好吧，是不是要我重新给你上语文课？"

当主编第三次指出他的这个错误时，李利的"聪明才智"立即又体现出来："前几天我问过我一个做出版的朋友，他说现在已经通用了。"主编耐着性子没有当场指出他的错误："那我们以市场为标准，让客户来评判我们的产品质量，如果有一个读者认为这是个错误，那我们以后就必须严格改正。"他愣了片刻，然后"哦"了一声，算是同意。

李利还没有等到读者对文章质量的反馈结果，老板就找李利单独谈了一次话，谈话内容是就根据他的工作态度来讨论他的去留问题。可想而知，老板一谈这个问题，李利还是大声说："我知道啊，但我觉得这些都是小事情，我写的文章，读者还是认可的。"然而，李利还有好多事不知道，他不知道主编已经在网上搜索出他的稿子是抄袭的；也忘记了他自己弄乱了工作流程，没有交给主编审核就送去排版的稿子；更不记得他们老板会定期重点研究谁的稿件严重违规的。

　　李利就这样"被离职"了，但他并不担心，因为他已经做了准备，当他发现公司上下都对自己怨言相向时，就立即开始寻找新的工作，但是结果如何呢？

　　一个月之后，一家文学网站的一个项目总编在网上找到李利以前工作单位的主编，问他："前两天招聘进来的有个李利，文章写得不错，听说以前做过杂志，你不是在负责这本杂志吗？"

　　"是的。他以前是我手下的编辑。"

　　"为啥离开你们单位？"

　　"被解聘了。"

　　"哦？为啥？"

　　本着给年轻人多一点机会的心理，主编没有向这家网站透露李利的工作表现，但按李利一向的工作态度和原则，结果是可想而知的。

　　对于老板而言，他希望自己的每一个员工都是认真负责的。虽然他会赏识你出众的才华，但他也绝对反感你的投机取巧。每到年底，都会进行年终总结，当老板向大家询问"你对于工作是否努力"时，众人的回答都是"我已经努力地完成了工作。"然而，老板这里所指的努力，是超于及格的那种努力。在现实中，即便我们认为自己已经非常努力了，但只要有一点的疏忽，我们最终还是会在竞争中失败，自己之前已经付出的努力也将付诸东流。

　　在职场上，不论大事小事，都是自己的事，而不是老板的事。所以，你必须在工作中付出无人能及的努力，也就是说你必须时时刻刻都保持着责任心，不让自己有任何懈怠。当你需要开创一项新的事业或者捕捉到一个巨大机会时，责任心就起了大作用，责任心会促使你迅速果断地担负起责任，不仅能制定出未来目标，还能找出实现这个目标的有效方法和途径。

◇ 每个人都有自己的职责，你要做的就是完成它

在社会上，每个人都有自己的职责，因为有些事情我们可以不去做，但责任要求我们去做，甚至会要求我们完成一些我们能力有限的事情。如果你能做到，你的心里不仅会安然坦荡，别人也会因你的精神受到感染，然后别人会给予你相应的回报。

福特是个销售员，他经常去一家小饭馆喝啤酒，这家饭馆的老板特别小气，每次都缺斤短两。有一天，福特问这位店主："先生，您啤酒的月销售量是多少桶啊？"

"十桶，先生。"店主回答说。

"那么你希望能卖十一桶吗？"

"当然，先生，你能给我出个主意吗？"

"可以，那我就告诉你怎么办。"福特说，"给足分量！"

作为一个生意人，交易的首要原则是童叟无欺、货真价实。这是你的职责所在，你价值和能力就体现在承担责任上，如果你不承担责任，别人会给你相应的回报吗？能够想到这一点，你就应该认认真真地把工作做好，并为自己感到骄傲，因为你的工作对于别人是有价值的。一个能让别人感到满意的人，他就是负责任的人、值得尊敬的人。

如果你不管做什么，都能尽职尽责，那么不但让别人从中获取到幸

福和满足，也能让自己获得极高的成就感，同样，这可以满足你对自尊的需要。另外，如果你把承担责任视为快乐和幸福的事情，你就不会感到郁闷，承担责任也可以让你从中获得幸福和快乐，这种双向平衡的选择，何乐而不为呢？

不管你个人能力大小、学位高低，生活都会给你一个相应的立足点。这立足点在哪儿对于你将来的成功来说并不重要，重要的是你要始终和责任站在一起。不管身在什么位置，你都必须尽心尽力做好自己的工作，承担责任也是你的职责所在，同样也是一种对自己的负责任的表现。

有一艘军舰，军舰上的士兵们都喜欢趴在甲板上做俯卧撑。海上要是没风浪的话还好，一旦遭遇风浪，船就开始摇晃，每个船员做俯卧撑就会很困难。尤其是在一个大浪打过来的时候，船员们常常会左摇右晃的。

后来，有个军官建议，每个船员在做俯卧撑时握着前面船员的脚踝，就不会再晃动了。这样就会形成了一个稳固的结构，就像钉子一样牢牢地嵌在了甲板上一样，再也不必担心被晃散了。

这个故事看似只是生活的一个小常识，实际蕴含着很深刻的含义，我们可以从这些方面分析：

1. 一个团队的全体成员必须相互依靠彼此的力量，才能结成一张牢固的网，抵挡海上的风浪，同时彼此之间也才能产生相互影响的力量。所以，每个人都必须把守好自己的岗位，不但为了自己，也为了别人。

2. 随着分工的精细化，一个团队的协作越来越重要。没有团队合作，效率从何谈起呢？因此每个人都完成自己的岗位工作，才会为团队贡献一份力量。

也许你会认为，现在社会是一个日益开放、各种禁忌相继崩溃的社会，没有什么能约束你，约束你的只有自己的心。同样，你在工作中找一些理由来推脱你的责任，你的心中就不会有愧疚感吗？

不管我们是出于什么动机选择了现在的公司，既然在公司里有我们的位置，给我们设置了岗位，我们就必须严守岗位职责，要接受它的全部，而不是仅仅享受它给你带来的薪水和快乐。

企业中，一个优秀员工最不可或缺的东西就是责任心，恪尽职守是一个人价值观的体现。那些恪尽职守的人，短时间看来可能会损失一些人的个人利益，但是从长远发展角度看的话，他们会有更广阔的发展前景。

故事发生在美国鞋业大王罗宾·维勒的工厂里。当时，罗宾的事业发展不是很好，为了打开局面，他经过多方考察，设计出与市面上不同的鞋样，制作了几种款式新颖的鞋子投放市场，结果订单纷至沓来，工厂忙不过来。

为了解决这个问题，工厂从外面招聘了一批生产鞋子的技工，但是生手的速度和质量完全不能和熟手相比，虽然工厂加班加点的对他们进行了培训，但还是远远不能满足客户的需要，结果生产出来的鞋子合格率很低。如果再这样下去，工厂就不得不给客户一大笔钱作为赔偿。

于是，罗宾召开了工厂全体工作人员会议，以此来商讨相关对策。从主管到工人都畅所欲言，讲了很多办法，都行不通。

这时，一位年轻的小工举手要求发言："我认为，我们现在的主要问题是鞋子的合格率太低，应该规范工厂的模式化生产，让工厂出品的每一双鞋子，质量都完全一样。"

"不可能。"一个主管反驳道，"现在我们的技工人手都不够用，要把鞋子的质量提高，我们只能花高价钱去请来熟练的工人，这样的话，利润就会降低了。"

"增加技工只是手段之一，我们还有别的办法。"小工说。

　　大多数主管觉得他的话不着边际，但罗宾却很重视，鼓励他讲下去。

　　小工小声地提出："现在已经有很多工厂用机器制作东西了，我们可以用机器来做鞋。"

　　用机器制鞋，在当时可是从来没有过的事，立即引起大家的哄堂大笑。

　　罗宾没有跟着笑，反而是受到了这个小工的启发。罗宾说："这位小兄弟虽然现在提出的问题不是很现实，但却指出了我们以后的发展方向。靠人力制鞋，迟早是满足不了社会需要的。尽管他不会制造机器，但他的思路很重要。而且，向工厂提意见，是每个工人的职责，他圆满地尽到了他的职责，我要奖励他一千元。"

　　于是，根据小工的建议，罗宾立即组织专家研究生产鞋子的机器。从此，制鞋业迈入了机器生产的时代，罗宾也因此跻身世界鞋业大王的行列。

　　根据公司内部出现的问题所提出的相关建议，这是每位员工应尽的义务和应有的权力。只要是对公司有所帮助，就应该大胆提出来。如果你总是以你的职责要求自己的工作，并不折不扣地将之执行，我相信，你一定是一个可托大事的人。

　　我们的心里存在着这样一个误区，职场的成功与否体现在职位高低上。所以，职位和权力是职场上大家努力争夺的目标，却从来没有人意识到职位、权力背后的东西。

　　职位的最好解释就是在其位、谋其职。责任的轻重意味着职位的高低，权力的另一面体现在必须承担的后果上。比如说，在公司一个项目总管有权指挥团队的行动并分配工作，但他同时要担负的责任是保质保量地按时完成任务，让团队的每个成员发挥力量。如果你有勇气，也有上进心，努力想升一个更高的职位上去，那就准备承担将要承担的责任吧，你会更明白你工作的意义以及存在的价值。

◇ 把借口从你的字典中，彻底剔除

人生在世，每个人都必须具备责任感，这不仅是对他人负责，也是对自己负责。而借口与托词，则是责任的天敌。然而，在我们的生活中，总是在为自己的拖延行为找借口的人到处都是。这就是不负责任的表现。当他们接收到任务以后，并不是立即、主动地处理，而是不断地拖延，并为自己的拖延找借口。致使工作无绩效，业务荒废。可想而知，这样的人怎么可能有工作和事业上的突破？

生活中，无所不在的借口，像空气一样弥漫在我们周围。借口变成了拖延的一面挡箭牌，事情一旦没完成，就能找出一些冠冕堂皇的借口，以换得他人的理解和原谅。找到借口的好处是能把自己的懒惰掩盖，心理上得到暂时的平衡。但长此以往，因为有各种各样的借口可找，人就会疏于努力，不再想方设法争取成功，而把大量的时间和精力放在如何寻找一个合适的借口上。

有命令就要去执行，这是我们每个人都应该遵循的做事准则。因为懒惰，你的那些借口能为你带来一时的安逸、些许的心灵慰藉，但是却会让你付出更昂贵的代价。

我发小李晓成一直在我们县城，从上学到工作。他毕业后成了我们当地某机械公司的员工，已经有五年的工作经验。五年来，他一直与单位的同事相处融洽，与领导也相安无事。可是，这天他却失控了，居然与领导拍桌对骂。

其实，对这一点，同事和领导都没觉得意外，因为李晓成对待工作实在太马虎了了，无论做什么事，都是一拖再拖，还经常耽误其他人的工作。其实，原来的李晓成并不是这样的，他的改变是从一次意外事故后开始的。

那天，李晓成上夜班，可能是因为太困了，一不小心，他从架子上摔了下来，幸亏架子不高，腿只是轻微骨折，到现在，李晓成走路也看不出来异样。

然而，从那以后，领导安排李晓成什么事情，他都借口自己的腿不方便，毕竟是因为工作出的意外，领导也不好说什么。

然而，时间久了，领导也对他有意见了。一天，他还是和往常一样，比正常上班时间晚了半个小时来到单位，到了以后，他接到一个电话，主任安排他随兄弟部门的车下乡去一趟。于是，原本准备上楼的他就在单位门口等车。可是，一个多小时过去了，却没见到车的影子。于是，他就给主任打电话。谁知道，下乡的车已经早开走了。主任说：“那你为什么迟到呢？”

李晓成赶紧来到主任办公室，想当面向他解释清楚。主任却说：“今天，你必须得去。要不然就自己坐公共汽车去吧！”说完，又忙自己的了。李晓成的怒火一下蹿得老高。这明摆着就是在惩罚自己，而自己错在哪儿？

“我不去。”他冷冷地说。主任猛地一拳捶在桌上，咬牙切齿地说：“今天你去也得去，不去也得去。”李晓成气急了，也砸了一下桌子。

这一瞬间，主任吃惊地望着李晓成，这时，办公室外也已经挤满了来看热闹的人。

从那件事以后，好像主任有意冷落李晓成，他把办公室能处理的事情都交给别人做，这让李晓成寝食难安，最后，李晓成只好辞职，因为这家公司他确实待不下去了。

在我发小的这个故事中，可以看出他总是拿曾经因工受伤这一借口拖延工作，因为拖延，他也与领导产生了纠葛，最终只能辞职离开。

在做事的过程中，经常找借口的后果就是逐渐养成拖延的坏习惯，初始阶段，也许你会有点自责，但随着拖延次数的增加，你会变得盲目，甚至到最后，你也认为自己做不到的原因，正是借口中所说的原因。

"保证完成任务！"是美国西点军校的学员们的标志性话语。"保证完成任务！"绝不是一句简单的口号，它是一名军人对命令的承诺，是勇士对责任的崇敬，是全世界的军人、战士对理想的执着。在西点军校中，任何命令都是言必信、行必果的军令状，只有执行，没有任何借口。在执行任务中，遇到困难总是想尽办法克服，不惜一切代价坚决完成任务。

没有任何借口和抱怨，职责就是一切行动的准则！处在平凡岗位的人们，或许你经常感叹为什么成功的机遇总是不光顾你？为什么领导不愿意让你担当重大事件的处理工作？为什么同事们不愿意信任你？不妨从现在开始反省下，你是否有拖延、找借口的习惯？如果有，那就彻底把借口从你人生的字典中永远剔除。我们要从以下三个方面努力：

1. 要克服懒惰，选择行动

一个人之所以懒惰，并不是能力的不足和信心的缺失，而是在于平时养成了轻视工作、马虎拖延的习惯，以及对工作敷衍塞责的态度。要想克服懒惰，必须要改变态度，以诚实的态度，负责、敬业的精神，积极、扎实而努力，才能做好工作。

2. 要端正态度，直面责任

"积极高昂的态度能使你集中精力完成自己想要的东西。"在工作中，应始终保持平常心态，在任何时候，工作和责任始终捆绑在一起，工作越好，责任越大，没有工作也就无所谓责任，要敢于负责。

3. 要没有借口，立即行动

工作的最终目的就是把工作做好，实现最大的效益，任何的借口和拖延都将成为工作的敌人。工作的选择、工作的态度、工作的热情都建立在立即工作和立即行动上，只有行动才会让这一切变成现实。

9

治疗拖延心理的良药：
打一针高效执行的强心剂

◇ 实现目标的唯一途径，就是行动

◇ 用 100% 的行动，迎接生活未知的挑战

◇ 千万次的心动，也不过是水中之月

◇ 时间如此宝贵，你怎舍得去浪费这一秒

◇ 什么事都拖到最后，完成的质量能有多高

◇ Just do it！既然要做就别等到明天

◇ 改正身上的坏习惯，提高自身执行力

◇ 实现目标的唯一途径，就是行动

南怀瑾先生对此很有感慨，他说："人类的心理都是一样的，多半爱吹牛，很少见诸事实；理想非常的高，要在行动上做出来就很难。"

对多数人而言，生活的确如此，光说不做，这种人生是很可悲的。"只想不做的人只能生产思想垃圾。"布莱克说："成功是一把梯子，双手插在口袋里的人是爬不上去的。"

有个博览群书的教授与一个目不识丁的文盲相邻而居。虽然二人社会地位和家庭背景不同，但两人的目标是一致的，那就是成为富人。

博学多识的教授每天都跷着二郎腿大谈特谈他那关于致富的想法，文盲在旁边认认真真地听着，他对教授的学识与智慧十分敬佩，并且开始按照教授所说的致富设想开始干起来。

十几年过去了，当初那个潜心听课的文盲成了一个百万富翁，而侃侃而谈的教授却还在空谈他的致富理论。

思想很重要，但如果光有思想而不行动也是不行的。我们的本性不是消极等待而是积极行动。我们不仅因为这种本性对某种特定环境的反应而适应，还能让我们去创造环境。克雷洛夫说："现实是此岸，理想是彼岸，中间隔着湍急的河流，行动则是架在川上的桥梁。"

人人都有理想，人对生活的热情就是因理想而增加的，当我们面对考验的时候，理想会让我们去勇敢地面对。然而，我们应当把理想当作基础，然后再加以行动。否则，任何美好的理想都是空谈。

以前在网上看到过这样一个故事，说的是有个贫困潦倒的中年人，隔三差五地到教堂祈祷，而且他每次的祷告词几乎都是一样的。"上帝啊，请您让我中一回彩票吧！阿门。"没过几天，中年人又垂头丧气地来到教堂，仍然跪着祈祷："上帝啊，为什么不让我中一回彩票呢？我愿意更谦卑地来服侍你！阿门。"又过了几天，中年人再次来到教堂重复他之前重复过很多遍的祈祷词……最后，当他再次祈祷上帝垂听他的祈求的时候，得到了上帝的回应。上帝说："你的祷告我听到了。但是你得先买彩票我才能让你中吧！"

虽然这个故事有些可笑，但我们不得不反思，生活中这样只想不做的人还是占多数。这些人终日沉溺于成功的幻想之中，整日幻想有朝一日成功会变成现实。但事实上，这些人根本不可能实现梦想，原因很简单，整日幻想而不付诸行动，哪里会获得成功。确定人生的目标是一件很容易的事情，但要实现它却是很难的。如果确定了目标而不行动，那么连实现的可能性都不会有。就像那个祈祷上帝让他中彩票的人一样，一心想中却从不买彩票。与其冥思苦想，还不如身体力行地去付诸自己的行动。没有行动，再好的梦想都只是泡影。

只要你积极地做，难的事情也会变得容易。当你在面对某个问题时，往往会有许多不同的选择，如果你总是犹豫不决，那就必定会造成时间的浪费，甚至错过绝佳的机会。如果你及时采取行动，你会发现做出决定和实施都会变得那样的简单。

生活就像骑单车，不能保持前行，就只会得到翻倒在地的结果，所以，工作时绝对不能把蹬车的脚停下来。做任何事情都要讲求实效，行动第一，绝不拖延。有了目标后就立马去做，也许你会说自己已经养成了拖延的习惯，不要紧，你可以在工作中慢慢地训练自己严格守时的观念，慢慢地你就会把守时当成是一种习惯。

心动不如行动，不去做就永远没有实现的可能。勇敢地迈出第一步，你的成功概率就会大大地提高。而如果只想不做，那你就永远都没有实现计划的可能。

◇ 用 100% 的行动，迎接生活未知的挑战

上帝对于每个人都是公平的，成功的机会人人都有。可是有的人总是抱怨：为什么成功总是别人的！这是因为有的人能做到三分把握，十分付出，而有的人却觉得机会渺茫，不肯倾尽全力，成功自然也就归入前者囊中。

渥沦·哈特葛伦年轻时曾是一位挖沙工人，艰苦的劳动环境促使他萌发了必须要成就自己人生事业的欲望。他对树蛙非常感兴趣，所以他萌发了成为一名研究南非树蛙专家的想法。但是以他的教育程度，又不具备这方面的才能。

这是一个十分遥远的梦想，但哈特葛伦仍然在用他的汗水浇灌着。他从 1969 年开始，就把大部分时间和精力用在了研究的专项上。他每天都会收集一百五十个标本，几年累积下来共做了大约三百万字的笔记，并掌握了南非树蛙的生活规律。长时间的观察和积累让他在研究树蛙的方面逐渐成为专家。到后来，他从这些蛙类身上提取出世界上极为罕见的一种能预防皮肤病的药物，并因此一举成名，获得了哈佛大学的博士学位。

后来他曾问一位年轻人是否了解南非树蛙，年轻人坦白地说不知道。于是渥沦告诉他："如果你想知道，你可以每天花五分钟的时间阅读相关资料，这样，五年内你就会成为最懂南非树蛙的人，成为这一领域最具

权威的人。"

有些事情即使仅有1%的可能性，也值得我们付出100%的努力去追求。汗水和时间的累积能铺平通往成功的路，多一分付出就多一分把握。同样只有三分把握的事情，只有你努力了、奋斗了，十分的付出就能换回十分的回报。

伍迪·艾伦说过："想要成就自己的事业，必须把时间和精力投入到你的目标上，你就能非同寻常。"你的时间和精力能增加成功的可能性，不管你有没有十足的把握做好这件事，倾尽全力就会有希望。

歌德用诗歌、戏剧、小说等文学形式，创作了很多伟大的作品。他二十七岁被任命为魏玛公国参议员，在政界也相当活跃，做出了很多业绩，1815年被任命为国务大臣。除此之外，他也喜欢绘画，还从事解剖学、地质学、矿物学、植物学、光学等自然科学的研究，在各方面都有卓越的贡献。不是因为歌德提前就预知自己能行，而是他不管做什么都全力地付出，所以才在各个领域都取得了骄人的成绩。

成功不在于你的把握有多大，而在于你付出的多少。成大事者在成功之前，也没有把握自己将来就一定会成功，但他们会倾尽全力向着目标努力，所以才有了卓越的成绩。

施瓦辛格是国际著名影星，他出生于奥地利一个很普通的家庭。十五岁的时候，施瓦辛格对健美产生了兴趣。当时他的体型瘦削，虽然这样的身材离他的偶像，美国著名的健美先生力士柏加还很远，但他并不认为自己不可能成为肌肉健硕的人，于是他开始向自己的目标靠近。

他把零花钱省下来买健美杂志，还利用课余时间打工，用赚来的钱购买健身器材。当时施瓦辛格的父母十分不愿意儿子这么做，朋友也耻笑他，面对重重压力，施瓦辛格置之不理，他不管自己的梦想最终能否实现，他只知道向着目标前进。

功夫不负有心人，施瓦辛格的付出得到了回报。他先后获得了一届国际先生，三届环球先生和连续六届的奥林匹克先生等荣誉。

凭着一身健壮的肌肉，施瓦辛格进入了电影行业。他主演的《终结者》《龙兄鼠弟》等影片深受中国观众的喜爱，他还被当时的美国总统布什委任为国家健康顾问委员会主席。

成功的机会从来不是唾手可得的，而是用比别人更多的辛勤汗水换来的。不是不做没有把握的事，而是不做没有准备的事。迎接生活未知的挑战，用100%的努力去迎接1%的机遇。

◇ 千万次的心动，也不过是水中之月

很多时候，一次成功的执行就躲在那些异想天开的一念之间，藏在那些一闪即逝的灵感火花之后。但想法固然重要，若没有说干就干的魄力，心动之后马上行动的干脆，就算有千万次的心动，一切事情也不会发生，万事不过都是水中月、镜中花罢了。

纸上谈兵的故事我们都听说过，满腹才华、熟读兵书却在长平之战中"坑害"了赵国几十万将士的赵括，成为我们嘲弄讥讽、口诛笔伐的对象。可是，古代只有一个赵括，现代的"赵括"又有多少呢？

不知道多少次，我们信誓旦旦地对自己说："我要做……我一定要做……"后来再想一想，我们做了吗；不知道多少次，我们下定决心要将脑中璀璨的灵光变成现实，到最后我们变了吗；不知道多少次，我们大谈特谈明天我要如何如何，下月我要如何如何，我们真的做了吗？

说话很简单，上嘴唇对下嘴唇，张张嘴就说了，但我们说出来的话，我们自己又做到了多少，实现了多少？我们说，屋里会有光，但如果我们不去点燃蜡烛，打开电灯，屋里依旧会一片漆黑；我们说，种瓜得瓜，但如果我们空坐家中，对着一包未开封的瓜子发呆，我们的"瓜"又在哪里。

说什么真的不重要，懂得什么也真的不重要，重要的是我们能做什么，我们能做到什么。

1989 年 4 月，香港女作家梁凤仪发表了她的第一部小说《尽在不言中》，

一出版便一炮打响，为她"财经系列小说"开了个好头。

此后，她开始以令人难以置信的速度，以近乎批量生产的方式，有系统地创作起小说来。

1990 年，梁凤仪写出了《醉红尘》等六部长篇小说。1991 年，她更上一层楼，竟然一口气出版了《花帜》等一系列作品。

当时，梁凤仪的财经小说发行量特别大，在港台地区刮起了一阵猛烈的"梁旋风"，她的书的出版商都赚了个盆满钵满。

梁凤仪心中一动，自己的小说既然如此受欢迎，如此能创造经济效益，为什么不自办出版社呢？说干就干，于是，她亲任董事长和总经理，成立了香港"勤＋缘"出版社。"勤＋缘"出版社获得了很大的声誉，由此而来的是巨大经济效益。仅仅在建社的一年半以后，"勤＋缘"出版社便收回了八位数的投资，并在两年以后，一跃而成为香港营业额最高的出版社之一。

如果没有梁凤仪的那一心动，就不会有"勤＋缘"出版社的诞生，更不会有今天的壮大和辉煌。这说明不管我们有了怎样的想法，无论是实际的还是看似荒唐的，只有拥有必胜的决心，再配合确切的行动，才有成功的可能。

有时，执行和拖延的差别就在于是否有行动。从这个角度来看，世界上其实只有两种人：空想家和行动家。

空想家善于谈论、想象、渴望甚至于设想去做大事情，他们总会产生很多的梦想，却很少行动，或许是缺乏实践的勇气，或许是缺乏实践的能力；而行动家则是只要有了想法，就会迅速做出反应，毫不迟疑地去尝试、去实践，在不断地行动中走向成功。

在现实生活中，总有许多空想家存在。他们是"言语上的巨人，行动上的矮子"，虽然时不时地喊出几句豪言壮语，却总不能付诸到实际行动中，因此最终还是一事无成。

我朋友张晓蕾一直以来都认为自己很成熟，自己比同龄人懂得多，经历得也多，每当身边的伙伴迷茫困惑或遭遇挫折的时候，她都会以"长辈"的姿态去安慰她们，给她们出主意，帮她们解决问题。可一旦同样的状况发生在她自己身上，同伴用她曾经说过的话来劝导安慰她的时候，她却无法释怀。

不止一次，她为自己制定了精美的日程表，将自己的生活和工作详细的进行了部署和安排，可是真到了要按计划执行的时候，她却毫无例外的全部选择了放弃。

她想去西藏支教，为此，她读了许多许多关于西藏民俗风情方面的书，她报考了华东师范大学，她专门进行了一年的低氧运动训练，可是，一年又一年，每当支教的名额分配下来，每当学校号召支教者报名的时候，她却都选择了拖延，选择了不去做。

大一拖到大二，从大二拖到大三，从大三拖到大四，又从大四拖到工作之后，十年过去了，张晓蕾却依旧只是一个嚷着要去支教，对西藏支教"经验丰富"的"矮子"！

事实上，很多人都有着类似的经历，可以轻易地说出要怎样去做，却无论如何都不去做，也做不到，这何其悲哀？

生活中此类人确实不少，将著名诗人艾青的"梦里走了许多路，醒来还是在床上"这句话送给这些人，真是再合适不过了。

他们小心谨慎，为了达到理想和目标，研究来研究去，考察了许多实际情况，制定了很多详细的计划。可就是不按照计划去执行，而是左思右想，推翻了原有的计划，重新制定计划，而新计划列出后，又马上会被更新的计划所取代……就这样一而再再而三的，在周而复始中时间已经白白流逝，最终也会因为拖延而一无所获、一事无成。

这些"只会想不会做"、"只动脑不动手"、"三思而不行"的人就是典型的只想不做或者只想而做不到的空想主义者。还有些人心中理想很多，今天冒出一个这样的打算，明天制定一个那样的计划，信誓旦旦地立志要做一个拓荒者，甚至还说出了不达目的绝不回头的豪言壮语。而结果仅仅是三分钟热度，第一天、第二天坚持了，第三天勉强地坚持，到了第四天豪言壮语就被抛到九霄云外了。这同样也是想和做的严重脱节，心动过后没有实质性行动的表现。

不拖延，提高执行力，要心动更要行动！没有行动，一切都不会出现，哪怕是失败的经验都不会得到；没有行动，就算机遇来了，也只能白白错过；没有行动，就算运气来了，也毫无知觉。

◇ 时间如此宝贵，你怎舍得去浪费这一秒

我们每天起床第一件事，基本都是拿出手机，仿佛批阅奏章一样，一条条刷着朋友圈，给这个留个言，那个点个赞。当我们出门上班时，也是低头玩着游戏或者看着电影。低头族，已经是现在社会的一个困扰。

说起我们的习惯，这里主要还是想对比一下那些匠人。在电视中，我看到一个开着豆腐坊的匠人。天还未亮就起床，开始按部就班地制作那些豆腐，哪怕在不需要工作的时候，他也总是不放心地四处看看，要不就是坐在屋中闭目思考。

这就是我们普通人和成功人士的区别，他们的身心都放在一件事上，无时无刻不在思考着如何能将它做得更好。而我们，每天都无时无刻不在浪费着时间，想着怎么能让时间过地更快些，下班更早些。

现代职场中，依然有很多职员和企业领导对时间概念非常模糊，在我们身边，这几乎是我们每个人都经历过的，而且好像都有自己合理的理由。其实，这是没有时间观念导致的结果。时间就是成本，在还是职场新人的时候就养成时间观念，将有助于以后的晋升和工作效率的提高。如果你想做一名好员工，以后想成为一位好领导，那就应该增强时间观念，不要虚度工作中的每一秒钟。

古人云："一寸光阴一寸金，寸金难买寸光阴。"中国人是世界上最早认识到时间管理重要性的，这也足以证明了时间的宝贵。对于那些除了聪明没有别的财产的人，时间是唯一的资本。可以说，时间就是生命。

浪费时间就是浪费生命，主宰时间就是主宰生命。因此，我们应好好珍惜它，好好经营它，利用它，使它发挥出应有的潜能和作用。

年轻的阿曼德·哈默正是因为不虚度生命中的每一秒，所以才取得了举世瞩目的成功。

阿曼德·哈默十九岁时，他父亲患了重病，无精力照顾和管理公司，就将与别人合办且面临倒闭的公司交给他经营。阿曼德·哈默当时还是大学一年级学生，他将公司全部买下之后，既要合理安排时间学习，又要好好管理公司。面对这样一个即将倒闭的公司如何扭亏为盈，怎样将读书和工作很好地结合起来，这对年轻的阿曼德·哈默来说可谓是一个重大的挑战。

平时，阿曼德·哈默都要花大半天时间去工作，而不能去听所有的课程。于是，他请了一个同学替他在课堂上做好笔记，供他晚上工作回来后学习。这样，他既可以把更多的精力和时间放在工作上，不受约束地去经营公司，又能不耽误大学的课程。由于他不虚度工作中的一丁点儿时间，又经营有方，公司的效益出奇得好。但那段时间，阿曼德·哈默每天都必须精确地分配时间，每天在照顾和经营公司的同时，还要抽出几个小时集中精力钻研同学为他抄下来的笔记。工作和继续学业使他懂得了时间的宝贵。

由于善于经营时间，不虚度每一秒钟，阿曼德·哈默在工作上取得了惊人的成绩。二十二岁那年，他的公司纯利润超过了一百万美元，他成了一名年轻的百万富翁。他还顺利地修满了医学学士学分，获得了哥伦比亚大学医学学士学位。

阿曼德·哈默之所以能够如此高效的工作和学业双丰收，完全得益于他高超的时间经营艺术，善于珍惜时间、利用时间，不虚度一分一秒。

工作中，我们无时无刻不在面对时间问题，无论是面对重大的人生转折，还是芝麻绿豆的工作小事，难免要做一番抉择，而且必须自己承担抉择的后果。当然，结局不一定是甜美的，尤其在时间的安排无法符合内心的罗盘时。因此，我们需要向珍惜时间的人学习，他们都能巧妙地利用自己的时间，以便能在有效的时间内最大限度地做更多的事情。

人们常说："不尊重时间，就是在浪费生命。"可见，时间的价值非自然经济和工业经济时代可比。虚度时间，既浪费了自己的生命，也浪费了他人的生命。凡是珍惜时间、不肯让一分一秒从自己的指缝中流走的人，最后一定能在他的生命中打上"高效率"的标记。

时间的重要性如此突出，只有不虚度光阴、善于利用时间、珍惜时间的人才能更加接近成功，才能取得更高的工作效率。但是每个人每天只有二十四小时，怎样才能胜人一筹呢？那就要珍惜每一秒，争取在单位时间内创造出更多的价值。

那么，具体到工作中，我们怎样才能做到不虚度每一秒呢？你可以参考以下做法：

1. 合理安排时间

时间对每个人都是公平的，谁也不多，谁也不少。同样的时间里，有的人可以高效地完成事情，原因就在于他们通过事前的时间安排来赢得时间。

2. 分清次序

按照事情的轻重缓急安排时间，并确定依次处理事情的方式。

3. 制定第二天的工作计划

在准确地制定目标之后就该制定时间计划了。

4. 留有计划外的时间

　　不要过分安排自己的事情，若把一天的时间都安排得满满的，没一点空闲，那么一旦出现一种不可预料的事，就会打乱全部日程。

◇ 什么事都拖到最后，完成的质量能多有高

很多人都会有这样的经历：从书市买来一大堆书，想要提高自己，但结果这些书却只起到了填充书架的作用；从体育用品店买来一副昂贵的羽毛球拍，想要锻炼身体，结果这两支球拍却只起到了装饰墙壁的作用；给自己设计了一个完成任务的计划，准备监督自己提前或者按时完成任务，结果还是拖到最后一天才匆忙完成。

这样的人对计划的事情，需要完成或者想要完成的事情总是一拖再拖，缺乏连续、均衡完成任务的意志力。

有人对中学生假期作业的完成情况做了一个调查，并画出了一张假期时间和假期作业完成量的函数图。从图上可以看出，整个假期前四分之三的时间，假期作业完成量几乎为零，到了最后四分之一的时间，假期作业完成量才逐渐缓慢上升，直至假期的最后两天，假期作业完成量急速上升并到达顶点。

从这个调查中我们可以很明显地看出拖延对任务完成的影响。而生活中，在时间充裕的情况下，很多人不管工作量多少，假如缺乏监督，长时间地坚持工作往往难。人们总是将事情不断地往后拖，直到最后不得不完成。这种拖延习惯的影响就是：最后时刻的工作量特别大，而且任务完成质量很低。对此，心理学家做了一项实验进行研究。下面我们就来看看这个实验，从实验的角度来探索一下拖延会产生什么样的负面影响。

2002 年，哈佛大学的克劳斯教授做了一项实验。实验以大学生为被试者，克劳斯教授将被试者分成了 A 班、B 班和 C 班。

克劳斯教授要求被试者们在三周内完成三篇论文，并告诉他们，假如他们过期不交，则视作零分。除此之外，克劳斯教授对 A 班的同学说，他们可以在三周的最后一天上交这三篇论文；对 B 班的同学说，他们需要自己预先安排好每篇论文的上交时间，把这个时间报告给自己，并按照这个时间上交每篇论文；对 C 班的同学说，他们在每个周末时，必须上交一篇论文。

论文都上交后，克劳斯教授对论文进行评分。并将三个班被试者的论文成绩进行比较。通过比较克劳斯教授发现，3 个班中 C 班的论文最好，其次是 B 班，论文成绩最差的是 A 班。

从上述实验中三个班的被试者论文所得的分数情况，克劳斯教授得出以下结论：拖延会影响任务完成的质量，一般情况下，到最后时累积的任务量越多，任务完成的质量也就会越差。

其实，从拖延的表现可以看出，它对工作任务的顺利实施以及任务的完成来说是非常大的阻力。因此，想要控制自己，让自己按照计划完成任务，很有可能需要与拖延心理对抗。只有在战胜拖延的情况下，才有可能有毅力按照计划，较好地完成任务。

将这种现象和上述实验所得结果相结合，我们可以得到如下启示：不要将事情拖到最后才做。将任务拖到最后再做，会影响任务的完成质量。而且拖得越严重，任务的完成质量就越差。

怎样才能降低或者避免拖延对于任务完成质量的影响呢？我们可以从实验中借鉴一些方法。

实验中的被试者同样是在三周之内完成三篇论文，但是因为上交的方式不一样，所以最后上交的论文质量也不一样。由此，我们也可以通过分段完成工作任务来提高任务完成的质量，降低拖延的负面影响。

除此之外，我们还可以利用一个小技巧"骗"一下自己，让自己提前完成任务。比如，本来任务完成时间是一周，但是你可以"骗"自己任务完成时间只有四天，并在四天之内抓紧时间将任务完成。然后，在剩下的三天时间里，对所完成的工作进行适当的修正。

每当按时且较好地完成工作任务时，你可以给自己一些小小的奖励。这样可以强化你按时完成工作任务的行为，从而培养出按时完成任务的习惯。

◇ Just do it！既然要做就别等到明天

我们每个人思考一下，在工作中是否有这样子的习惯，本来这个事情应该今天做，但自己打开电脑，正准备做的时候，忽然内心另一个声音告诉自己，今天这么累了，放在明天做吧，结果，你就听从了这个声音，关闭了电脑，去开始自己休闲的生活。

我们生活中很多这样的时候，也有许多重要的事情，不是没有想到，而是没有立刻去做。我们总是找到各种借口和理由，去拖延，去逃避责任。我们总是想着："有空再做，明天做、以后做"，"再等一会儿"，"再研究（商量）一下"，这些都是在为拖延找借口。但我们真正要解决问题，只有一个方法——马上行动，一分钟也不要推迟。

有时候即使只是推迟一分钟，也许好事就会变成坏事。实际上，职场中，每个人都有拖延的坏习惯，只是拖延程度大小不同而已。但是，优秀员工会将这种冲动扼杀在摇篮里，他们时刻提醒自己"绝不拖延，立即行动"。

可见，一个工作效率高的人，其秘诀就是该解决的问题，立即解决，绝不拖延一分钟。你问题的积累是因为你拖延的坏习惯，面对着日趋增多的工作，你都不知道从哪里下手，最终的结果会更为严重。

因此，我们必须记住，在工作中，每一分钟都非常重要。拖延时间，只会使我们在"现在"这个时期更加懦弱，并期待于幻想。也就是说，我们总是想着事情能往好的方向发展，但始终都不能取得成功。而且，有拖延心理的人心情总是不愉快，总觉得疲乏，因为应做而未做的事总是给他压迫感，拖延一分钟，并不能节省时间和精力，相反，它会使你心力交瘁，甚至失去工作机会。

　　我的朋友孙浩是一家知名广告公司的文案策划，他的策划文案总是很有创意，这让老板对他格外器重。一次，老板将一家新签约的大客户的广告策划案交给他来完成，并告诉他最迟在月底完成。孙浩接过任务，心想还有半个月时间，不用着急开始，他有充分的自信可以在规定时间之内完成。

　　于是，他天天不急不慌地浏览网页、看报纸、聊天，想着等到最后几天开始做一样可以完成，不必这么着急。

　　当孙浩玩得差不多了，准备开始工作了，却被老板叫去参加一个广告学习研讨会，耽误了整整一天的时间。他还是不着急，想着，那就第二天再开始做吧。

　　可是他没想到，第二天公司电脑集体中毒，全部拿去电脑公司维修，又耽误了一天。没办法，孙浩找借口，跟老板多要了一天，下班后自己再回家赶夜车，匆匆写了一份策划方案交了上去。

　　由于策划方案写得仓促，几乎没有什么新意，客户又催得急，连修改的时间都没有了。最后导致客户不太满意策划方案，公司为此赔偿了客户很多钱。虽然孙浩很有创意，但是讲究原则、办事严谨的老板，还是将他辞退了。

　　员工一定要独立，一定要在规定期限内完成工作，绝不能有拖拖拉拉的情况。优秀的员工不仅能守时，而且他们深知，在所有老板的心目中，最佳的开始时间是现在，最理想的任务完成日期是今天。

约翰·丹尼斯先生曾说："拖延时间常常是少数员工逃避现实、自欺欺人的表现。然而，无论我们是否在拖延时间，我们的工作都必须由自己去完成。通过逃避现实，从暂时的遗忘中获得片刻的轻松，这并不是根本的解决之道。要知道，因为拖延或者其他因素而导致工作业绩下滑的员工，就是公司裁员的对象。"

但是，现实工作中就是有着那么一种规避责任的人，他们总是消极地对待，做事拖沓，效率低，不愿意参与竞争。

小李是某咨询公司经理，同时兼任很多公司的顾问，一次，他与某大型企业高级经理一起研究企业组织结构再造的问题、在立项初期，该公司各项准备工作都做得不错：识别、确定关键问题；确立目标，形成策略，起草计划，一步一步都做得很好，小李看到他们的方案后也很满意，于是他放心地离开了该公司。

但是令人失望的是，六个月后当小李再回到那个企业，想看看有什么变化，他们的方案能否解决问题时，看到的却还是以前的面貌。从总裁到工人，没有一个人按计划行事，问其原因，经理们解释说："太忙，其他事情插上来了。""与其他人接触不上。""碰上了麻烦，计划搁置了。"小李不禁摇头苦笑，对经理们说："其实，这些都不是原因，真正的原因是你们的工作惰性。如果你们抓紧时间，立项之后立即付诸行动，相信现在绝不会是这样的状况。"

一家大公司竟然如此，可见不能将责任落实有多么大的危害。或许产生这种现象的原因，与企业管理方式有关，除去这个原因，放在个人层面上，其实就是拖延惹的祸，换句话说，就是拖延捆住了员工的手脚。因此，每个员工要在责任的落实过程中保持高效率，不要拖延，这样才能为公司创造业绩，同时也是自己成功的基础。

我大学时候有两个室友，阿辉和阿城。大学毕业以后，他们两个同时被一家公司聘为产品工艺设计员。起初，公司给他们的月薪是很低的。

阿辉对低薪水感到愤愤不平。为此，他经常抱怨、推卸责任，还在工作时间和同事聊天，根本没有把工作的事情放在心上。

渐渐地，他养成了拖拉的坏习惯，办事效率极为低下。要他星期一早上交的方案，到星期二早上依然尚未做完，经理批评他，他带着情绪工作，把方案做得一塌糊涂。再后来，阿辉根本没想着怎么把工作做好，而是一味地推卸责任。

阿城则不同：他虽然对底薪也感到不满，但他并未一味地去抱怨、闹情绪，他坚信，机会来自于汗水，一分耕耘一分收获，只有今天的努力，才能换来明天的收获；机会随时都在你身边；主动负责，实际上就是主动抓住机会。他下车间，熟悉工作流程，他的勤奋努力引起了厂长的注意，不久，阿城就被提拔为厂长助理，而阿辉因为对工作总是一拖再拖，最后被公司解雇了。

担任厂长助理一职后，阿城并没有因此而止步不前，依然是兢兢业业地做好自己分内的工作，他总是能在第一时间完成自己的工作。一些重要的、紧急的、需要决策的事情，他会及时向厂长汇报，并督促各部门及时把工作做好，做到位。在阿城的组织管理和协调下，公司的生产效率得到极大的提高。

一个拖延，一个高效，导致两个人的结果不同。社会学家库尔特·卢因曾经提出这样一个概念，力量分析。他描述了阻力和动力的两种力量。他说，有些人一生就是因为拖延的坏习惯束缚住了前进的手脚；有的人则是一路踩着油门呼啸前进，比如始终保持积极的心态和勇于负责的精神。可以说，他的这一分析同样适合于工作。如果你希望自己在职场中能更好地生存、发展，你就应该把你的脚从"刹车板"拖延上挪开，在规定的时间内把你应该做的工作尽心尽力去做好。

◇ 改正身上的坏习惯，提高自身执行力

阻碍一个人执行的，往往是坏习惯：早晨赖床的习惯会让一个人上班迟到；爱找借口的习惯会让工作拖到最后；不珍惜时间的习惯会让人工作效率低下……总之，那些坏习惯会毁了一个人的执行力。

在工作中，有四种坏习惯最可怕，它们会让一个人患上工作拖延症。如果你能够加以克制，不仅会使你的工作变得生动有趣，而且还可以提高你的工作效率。四种坏习惯如下所述：

第一种工作上的坏习惯：公办桌上杂乱无章，严重影响解决问题的效率。

你的办公桌上是个什么样的情景？是不是杂乱无章堆满了各种信件、报告和备忘录？当你看到自己乱糟糟的桌子时，你是不是会紧张地在想：我还有什么工作没有完成，怎么看起来我有这么多没有完成的工作！你是不是会因此而感到焦虑，觉得工作如此繁重，从而对工作产生了厌倦？著名的心理治疗家威廉·桑德尔博士就遇到过这样的病人。

这位病人是芝加哥一家公司的高级主管。他刚到桑德尔博士的诊所时，看上去满脸焦虑。他告诉桑德尔博士自己的工作压力实在是太重了，每天总有做不完的事情，但是又不能够辞职。桑德尔博士听完他的一席话之后，指着自己的办公桌说："看看我的桌子，你发现了什么？"这位主管顺着桑德尔博士手指位置看去回答道："比起我的办公桌，你的实在是太干净了。"桑德尔博士听了他的话微微笑道："是啊，这样干净是因

为我总是在第一时间将工作处理完，这样一来我的桌子上就不会有太多的工作啦，你可以试一试我的方法。"

那位主管一脸疑惑地看着桑德尔博士。过了三个月之后，桑德尔接到了那位主管的电话。在电话里那位主管非常高兴，他对桑德尔博士说他的方法简直太神奇了，现在他看到自己的桌子再也没有像以前那么大的压力了。"现在我的桌子也和你的一样干净了。"就这样桑德尔博士治愈了这个高级主管的焦虑症。

著名诗人波布曾写过这样的话："秩序，乃是天国的第一条法则。"芝加哥西北铁路公司的董事长罗南·威廉说："我把处理桌子上堆积如山的文件称为料理家务。如果你能把办公桌收拾得井井有条，你将会发现工作其实很简单。而这也是提高工作效率的第一步。"

第二种工作上的坏习惯：工作中分不清事情的轻重缓急。

著名企业家亨瑞·杜哈提说，如果一个人同时具备了他心中的两种才能，不论开出多少薪水，他都愿意。这两种才能一是善于思考；二是能够分清事情的轻重缓急，并据此做好工作计划和安排。

查尔斯·鲁克曼在十二年之内，从一个默默无闻的人，一跃成为公司的董事长。就归功于他具有以上两种力。查尔斯·鲁克曼说："我每天都会在清晨五点钟起床，因为此刻正是思维活跃的时候。在这个时候，我可以就我近期的工作进行一些规划，排出事情的重要程度，以便安排自己的工作。"

第三种工作上的坏习惯：不能果断地处理问题，导致问题总是处于悬而未决的状态。

霍华德先生说，在他担任美国钢铁公司董事期间，董事们总要开很长时间的会议。因为，会议期间要讨论很多议题，但是大部分议题却无法达成共识。其结果是，工作效率无法提高，而董事们的工作量却十分繁重，每位董事都要抱上一大堆报表回家继续工作。

针对这种毫无效率的工作方式，霍华德先生向董事会提出了自己的建议：每次开会只讨论一个问题，而且必须做出最后的定论。霍华德说，虽然这个做法也有其弊端，但是总比悬而未决，一直拖延要好。最终，董事会采纳了他的建议。霍华德先生说，很快，这种方式就体现出了自己的优势。他们很快就把那些积累了很长时间的问题解决了，董事们干起活来也觉得轻松了许多，不必再把家庭作为自己的第二工作场所了。

第四种工作上的坏习惯：喜欢大包大揽，不相信自己的部下或者同事。

很多人都有这种工作习惯，所有事都喜欢亲力亲为。结果，他们总是被那些琐碎的事情纠缠得筋疲力尽，无法享受自己辛苦打拼来的幸福生活。这种现象在很多领域都普遍存在。人们总是不放心其他人，担心那些人会把事情搞砸。于是，他们不得不厌其烦地处理那些在工作中出现的细微事情。喜欢大包大揽的人，始终处于一种紧张的、焦虑的生活之中。

然而，要试着相信他人，将自己手中的工作分一部分交给他人来完成，对于一个责任感太重的人来说也是不容易的。如果一个人没有能力承担你所交给他的工作，那么必将会影响到你的相关工作，进而损害你的声誉。可是，如果我们要摆脱终日紧张的工作状态，就必须学会分权，学会量才而用。将那些无关大局的琐碎工作交给他人，你不仅会提高自己的工作效率，还会真正体会到工作的乐趣。试一试吧！

上面列出了在工作中容易养成的四个坏习惯。在告别拖延症、提升执行力时，请检查一下自己在工作中是否正在犯上述的错误。如果有，请马上改正，这样，你就会远离拖延症！

10

战胜拖延心理的秘密武器：
来吧！让自己充满正能量

◇ 消灭拖延症，先要消灭拖延的思想

◇ 为快乐而工作，当下就是无悔的选择

◇ 让工作变得有趣，干得才会带劲儿

◇ 一点点激发自己的潜能，迟早会实现人生的目标

◇ 工作没有那么可怕，只是你把它想得可怕

◇ 学会放松，好心情是战胜一切的开端

◇ 拥有使命感，那是你不断前行的信仰

◇ 难以战胜不等于不可战胜

◇ 消灭拖延症，先要消灭拖延的思想

现代社会，很多人尤其是年轻人，拖延症已经成为他们中间的高发病症。具体表现为：做事拖拖拉拉、怕接受工作任务，甚至经常到最后一刻才开始执行等。对于每个人来说，拖延的习惯都会影响到我们做事的效率，无论在职场上还是在学习上，也会留给别人懒散的印象。那么，如何克服这样的坏毛病呢？

我们都知道，人的思维指导行动，对于拖延者来说，他们之所以做事懒散、行动拖拉，多数情况下是因为拖延思维导致的。在他们内心，常常有这样的声音："再等会儿去做也没关系。""大家都还没动手呢，我不必着急。""太难了，实在找不到办法。"很明显，这些都是拖延思维，对我们的行动给予的是负面的暗示作用。

可见，如果你经常为自己的拖延行动找借口，那么，很可能是因为拖延思维的影响。要解决拖延症，你首先要做的就是消除拖延思维。要知道，任何人都不可能帮助你改变现状，能拯救你的只有你自己。

古希腊神话中有一个西齐弗的故事很能说明这个问题。西齐弗因触犯了天庭之法，被惩罚到人间受苦。他每天必须推一块石头上山。当他将石头推上山顶回家休息时，石头又自动地滚下来，于是西齐弗第二天又得去推。这是天神想让他在"永无止境的失败"中遭受惩罚，以此来折磨他的心灵。

可是，西齐弗偏偏不吃这一套。他不认为这就是受苦受难的命运安排。他一心想，推石头上山是我的责任；至于石头是否滚下来，不是我的失败。因此，心中始终平静异常，从不丧失信心。从而始终不放弃自己的职责，每天都满怀希望。天神见折磨西齐弗心灵的企图无法奏效，只好放他回了天庭。

用这个故事对照现实生活，我们可以得到有益的启示："人必自助而后天助。"若连自己都不愿帮助自己，还会有谁帮助你呢？在逐渐改正拖延习惯的过程中，我们必须始终激励自己，相信自己能做到，那么，我们就能做到。

通常来说，拖延思维是消极思维的一种。如果我们不摒弃拖延思维，最后只能无止境地拖延下去。事实上，我们在做事的过程中，总是会遇到一些困难，此时，我们需要调节和控制自己的心态，鼓励自己能做到，这样可以给自己精神动力。

我们先来推销员之神——乔·吉拉德是如何说的。

"我认为所谓的自我管理，首先就是苛求自己。我把一个星期的工作计划分为上午和下午两部分，把要走访的地方六等分。星期一走访葛饰区立石路的第一到一百号街，星期二走访第一百０一到二百号街，星期三……这样一个星期以后，就转完了我所负责的整个地段。我把这种做法一直作为绝对的、至高无上的命令来执行。所谓硬闯和推销管理工作，都安排在每天下午去搞。上午专搞接洽生意或类似接洽生意的工作，从下午四点起，搞交谈、修车等工作。我的工作计划大体就是如此，并坚决执行。这就是我的推销计划，也就是自己管自己。

"参加工作的第一年，往往都是我一个人在街道上转来转去，觉得非常难受又寂寞，有时也深感推销工作非常痛苦。可是，每逢这时，我就勉励自己，自己痛苦的时候别人也痛苦。说老实话，我想如果推销工作是一帆风顺的，也就无所谓自己管理自己了。自己管自己这个问题之所以受到重视，是因为任何人都不能随心所欲地去做事情，因为今天一去不返，人们才要求这么严格。我也经常有精神不振的时候，遇到这种情况，就一定在星期天去登山。当我一步一步地克服了前进中的困难而登到山巅时，那种激动的心情简直就和接受订货、交出汽车时的激动心情完全一样。"

从这两段话中，我们发现，克服拖延症其实就是一种自我管理，它和做其他事一样，假如不存在困难，那么，也就体会不到成功时的快乐，以这样的信念激励自己，能帮助我们克服内心的很多负面心理。

总之，任何一个希望解决拖延症的人，都应该摒弃消极的拖延思维，始终相信自己能做到自控和立即执行，以这样的信念引导自己去做事，相信一定能有所收获。

◇ 为快乐而工作，当下就是无悔的选择

化妆师每次为新娘子化妆，都会把它当作一次艺术创作，一边工作一边享受这过程中美的蜕变，多长时间都不会觉得疲倦，反而会为自己所创造出来的美而感动；每当作家完成一部小说的时候，多日的辛苦疲劳不知所踪，久久沉浸在小说中的世界，反复品味……

然而社会上还有很多人会对自己的工作不满，活得非常不快乐。他们认为接受现有的工作，是因为迫于现实无奈的生计，或者，当接受了一份工作后，发现这份工作和自己所想象的工作感觉大不相同。于是，这些人开始在自己的生活和工作中，不断地叹气、埋怨，做事情没有了激情，在叹气和无聊的繁忙中虚度光阴。

生命是一场浮华的盛宴。它让人向往光明，但里面也充斥着黑暗，所以我们需要激励的字眼让自己在黑暗中坚强。然而激励也可能是盲目空洞的，需要知识的向导来引领人生的方向，但有时知识也是徒然的，需要工作实体的运用．不过有了工作还是不够，需要一个最重要的字眼来唤醒你所有对生活的热情，那就是爱。

爱上你的生活，你的工作，你便有了更多对自己的激励，对知识的渴望，对工作的执着。这样才会使当下的自己，乃至他人，甚至人类结合为一体。

工作是可以用眼睛看见的爱，如果人们想真正获得快乐，就该把工作当作是生活中的一种乐趣，而不是当成一种刻板、单调的苦差事。面

对选择职业的抉择时，我们不可放任自流，刚步入社会的我们都应该问自己："我适合做什么样的工作，我自己有哪些能力可以胜任一份工作？"

如果我们自己的能力不够，那对一份工作的强求也是徒劳无用的。或许我们应该这样来做：先选择自己所喜欢的职业，选择一旦做出，就不要有任何的反悔，除非发生一些严重的错误和意外。在工作中，努力地去付出，用毅力来加强自己的意志，这样任何一件事情都会有所回报。其实生活的幸福与否，全然是在自己的掌控之中，当我们对工作有了自己的一份热情和快乐，把它当作生活中的一种快乐时，自己便会体会到其中的各种乐趣。

为快乐而工作，这就是无悔的选择。

有这样一则故事，或许可以帮助你更深刻理解为快乐而工作的秘密。

在艾伦遇见斯奇太太之前，护理工作的真正意义并非艾伦原来想象的那样。"护士"两字虽然是艾伦的崇高称号，谁知得来的却是三种吃力不讨好的工作：替病人洗澡，整理床铺，照顾病人大小便。

艾伦带上全套用具进去，护理她的第一个病人——斯奇太太。

斯奇太太是一个又瘦又小的老人，一头白发，皮肤干枯，她问艾伦："你来做什么？"

"我是来工作的。"艾伦生硬地回答。

"不用了，我今天不想洗澡，请你马上离开。"

使艾伦吃惊的是，斯奇太太眼里涌出大颗泪珠，沿着面颊滚滚流下。艾伦不理会这些，强行给她洗了澡。

第二天，斯奇太太料到艾伦会再来，准备好了对策。她说："在你做任何事之前，请先解释'护士'的定义。"

艾伦满腹疑团地看着她。"唔，很难下定义，"艾伦支吾着，"做的是照顾病人的事。"

话语刚落，斯奇太太掀起自己的被单，拿出身边摆放的一本字典说道："不出我所料。你连自己的职责都不清楚。"随后她翻开自己标注好的页面慢慢地开始念，"护士的解释主要包括看护和照顾，看护：护理老人或病人；照顾：关心、照料或者珍爱。"

随后她合上书说："你坐下来，我告诉你什么叫珍爱。"

斯奇太太向艾伦讲了自己一生的故事，向她诉说自己在人生路途中所得的教训。最后告诉她有关她丈夫的事情："他叫贝恩，是一个农民，长得高大粗壮，总是穿着很短的裤子，留着很长的头发。他当初追求我的时候，总是把鞋上的泥带进我家的客厅。我当初认为在他之前我会嫁给一个斯文的男人做丈夫，但结果我还是选择了他。"

她继续说着："在结婚周年的那天，我向他提出要一件爱的信物。这种信物是用金铸或银铸的钱币上刻写心和花色图案交缠一起的两个人名字的简写，在属于两个人特别的日子里赠送。在那天，我丈夫套好马车就进城了，我满怀欣喜地在山坡上等他回来，希望看到他伴着落日归来的样子，阳光会在他身后留下长长的影子。"

说到这里，斯奇太太眼睛红了："结果那天，我没等到他回来。第二天有人带来噩耗，他们发现了我丈夫的马车，还有这个。"说着她缓缓地拿出一枚铜币。由于长期的佩戴，它显得甚是陈旧，上面有着细小的花纹图案的环绕，上面简单地写着："贝恩与斯奇，永恒之爱。"

艾伦觉得惊讶，问道："你不是说是金的或银的钱币吗？这个是铜币吧。"

斯奇太太小心翼翼地把那件信物放好，点了点头，随即便泪流满面："如果他当晚回来，我见到的或许只是一枚铜币。但这样一来，我见到的，却是他给我的爱。"

之后，斯奇太太对着艾伦说："我在这里也希望你听清楚了，小姐，你是一名护士，你的问题就在这里。你只看到了铜币，却看不到爱。你记住，不要上铜币的当，要懂得寻找爱。"

从那次谈话之后，艾伦再也没有见过斯奇太太，她当晚便去世了。但是她给艾伦留下了最好的遗赠：帮助艾伦珍惜、珍爱自己的工作，做一名优秀的护士。

你还在抱怨自己的工作，觉得甚是无聊吗？你还在认为自己的工作是一种迫于无奈的煎熬吗？还在为最初的选择而终日碌碌无为吗？如果答案是这样，请你先反思自己最初选择这份工作的目的，想一想你选择这份工作的意义是什么，想一想你为这份工作的付出和收获。

生活是一门艺术，工作可以成为生活中的一部分乐趣，这样的生活态度会得到更多的幸福和快乐。

◇ 让工作变得有趣，干得才会带劲儿

　　找工作的人，最怕简历被画上红叉，很多人不明白：为什么自己明明有能力、有学历、有经验，却还是被招聘的公司淘汰了？排除掉运气因素，最应该检讨的恐怕是他们对工作的心态。负责招聘的人事经理们相信：一个不热爱工作的人，就做不好他的本职工作。

　　以前我还在某上市公司工作的时候，和 HR 聊天，问他们怎么能在短短几分钟内，确定一个应聘者是否符合要求的。他告诉我，在招聘时，他都会先问一个问题。我问道："什么问题？"他微微一笑说："你为什么离开上一家单位，选择到本公司来应聘？如果应聘者回答'我以前的工作单位比较小，虽然我很努力，但是部门经理好像不太信任我。我觉得，贵公司能够给我施展才能的机会。'那我一般就不会用，会在他的简历上画一个小叉。"

　　我问道："为什么这样的回答会是禁忌？"

　　他说道："每次在面试的时候，我都会询问应聘者为何离开上一家单位。之所以问这样一个问题，是想从正面了解他对以前所在公司的评价。如果他说以前的那家公司有多么的不好，或是那份工作如何不好，那么无论他的个人能力怎么强，我都不会录用他。因为我相信，那些整天抱怨工作不好的人，终将一事无成。"

　　我们经常听到别人说不喜欢自己的工作，工作枯燥、工作环境不好、工资少、上司不好相处……他们举出各式各样的例子来证明自己的工作有多么糟糕。让我们视野范围扩大，看看都是谁在厌烦工作，我们不难发现，不喜欢工作的人，往往就是那些做不好工作的人。如果工作本身能说话，相信它也会跳起来说："我的负责人能力平平，眼高手低，他每天都唠唠叨叨，不细心也不努力，明明成绩不够，却说是我不好！"

　　一个人不能改变环境的时候，只能去适应环境。工作也是如此，与其认为工作面目可憎，不如去深入接触，发现它有趣可爱的一面。至少，要先摆正自己的心态，明白工作就是工作，工作需要的是负责任地完成，而不是不断的埋怨。

　　我曾看到过这样一个小故事：

　　一个小男孩跟着师傅学习雕刻，他认为整天雕刻石头是件枯燥无味的事，想要放弃。师傅对他说："想放弃，是因为你不知道雕刻的乐趣。"

　　"雕刻的乐趣？"小男孩睁大眼睛，看着师傅拿起一块石头，一刀一刀地琢磨。师傅说："雕刻的乐趣，不是一刀一刀地刻掉石头，而是找出石头中藏着的东西。"说着，他手中的雕像渐渐成型：头发、脸庞、眉毛、眼睛……最后，一个栩栩如生戴着棒球帽的小男孩头像出现了。

　　小男孩大吃一惊："这不就是我吗？"

　　师傅点点头，指着满屋子的石头说："雕刻的乐趣就藏在这些石头中，你认为它们枯燥，它们就只是一些石头，你认为它们有趣，它们自然会给你无穷的乐趣。"

　　小男孩听完，再次拿起了雕刻刀。后来，他成了一个有名的石雕艺术家。

拿着雕刻刀，一天天坐在小房间里刻一块石头，确实是件枯燥乏味的事，也难怪小男孩坐不住。而雕刻师傅却能全神贯注地拿着刀子，把手中的石头变成艺术品，在这个过程中，他不会抱怨，不会不耐烦，他满脑子想到的，都是给一块石头赋予形状时得到的快乐。把雕塑当成负担，雕塑就只是单纯地用刀子刻石头，只有了解雕塑的乐趣，全身心投入其中之后，雕塑才是一种艺术创作，才会回报雕塑人美丽的享受和心灵上的满足。

长年累月地做一件事，难免会厌倦，售票员日复一日地报着十几个烂熟的站名；程序员月复一月地编着基础程式；教师年复一年地对学生讲授相同的内容……当工作变成一种惯性，一种机械运动时，烦躁的情绪就会滋生，我们甚至开始质疑工作的价值：为什么要一直做同样的事？为什么不能去做点有趣的事？这样想着，售票员开始懒洋洋地撕票，程序员开始昏沉沉地敲键盘，老师开始照本宣科地读讲义……工作变得越来越没劲。

而在那些把工作当乐趣的人眼中的事情，又是另一个局面。售票员每天都在琢磨怎样让乘客更舒服，今天给公交车添加一些椅垫，明天给公交车备好一个药箱，后天又开始自学英语，心血来潮用中英双语报站；程序员总想开发出一套更加便捷的口令，每一天都在完善、推广自己开发的程序，越来越多的人愿意使用它；老师会在每一课，都将最新的学科添加到讲义中，开阔学生的视野，讲的课程也越来越受欢迎。

把工作当作负担的人，工作也会把他当作负担；愿意对工作付出的人，工作会给他丰厚的回报。

◇ 一点点激发自己的潜能，迟早会实现人生的目标

面对工作中的责任，不少员工会感到强大的压力，心理上难以承受，以至于在责任面前表现得手足无措、无所事事、故步自封。

内在的责任感可以转化为一种动力，唤醒我们潜在的力量，激励我们克难攻坚，始终保持乐观向上的精神状态。

科学家们做过这样一个试验：

在森林的一角，将母豹子和它的小豹子一起关在巨大的铁丝网里。试验一开始，科学家们先把母豹子放了出去，仍然囚禁着小豹子。此后一个月里，母豹子时常在铁丝网的外围徘徊，它越来越瘦，精神委顿，有气无力。

接着的下一步，按试验的原计划应该把小豹子也放出去。然而有不少人开始主张不要放走小豹子，因为母豹子的状态看起来很不好，恐怕活不了几天了，小豹子交给它后肯定也活不了。但有一位科学家坚持放走小豹子，他认为小豹子恰恰是拯救母豹子的"天使"。小豹子被放到铁丝网外了，它跟着母亲走进了森林深处。

一段时间里，科学家们再也没有看到母豹子和小豹子，很多人以为它们已经一命呜呼了。正在大家失望之际，母豹子和小豹子出现了。人们发现小豹子长大了不少，毛色油亮，母豹子也恢复了健壮。

原来，母豹子一开始以为小豹子会被一直关在铁丝网里，自己活着

没有动力。小豹子被放出来后，它承担起了哺育小豹子的责任，便一下子打起了精神，积极地捕猎食物，所以改善了健康。

这个试验告诉我们，活力来自于责任感，承担责任可以唤醒我们潜在的力量，不仅动物如此，人类也是如此。

每个人都有自己需要承担的责任，责任会带给你压力，同样也会成为动力。责任是潜能的"催化剂"，能够有效地激发你的潜能，从而运用固有的能力，完成原本认为不可能完成的任务。

在列车行驶过程中，一节车厢里传出一阵痛苦的呻吟。大家循声望去，是一位年轻的孕妇，她出现了临产的征兆，痛苦她的身体扭作一团，蜷在座位上。坐在她身边的丈夫很紧张，赶紧向列车长求救。

很快，在列车长的安排下，年轻的孕妇被抬进了用床单隔开的临时病房。丈夫焦急地告诉列车长，妻子以前难产过一次，孩子没保住。见情况危急，列车长迅速广播通知，紧急寻找妇产科医生。

这时，一位二十出头的姑娘害羞地站了起来，小声地对列车长说她是一名妇产科的实习医生，可是参加工作不到一个月，而且还从来没有接生过，对接生的认知仅仅局限于教材上那一点点。更糟糕的是，今天这个产妇又有难产经历，人命关天，她建议将产妇送往就近医院进行抢救。

列车离最近的一站也要行驶一个多小时，孕妇已经等不及到医院了。列车长郑重地对实习医生说："你虽然只是一个实习生，但在这趟列车上，你就是医生，你就是专家，我们相信你。"

姑娘脸上在一瞬间掠过神圣无比的表情，她深深地吸了一口气，昂首挺胸、信心百倍地走向了临时病房。白酒、毛巾、热水、剪刀什么都准备好了，只等关键时刻的到来。

差不多半个小时后，婴儿的啼哭声宣告了母子平安，一直悬着心的乘客们热烈地鼓起掌来，"你从来没有接生过，你是怎么做到的啊？"有乘客问道。

"列车长说我是医生，我是专家，给了我很大的压力。不过，也让我明白了，在这里，只有我能够完成接生这个任务，而且作为这里唯一一个学医的人，我应该担负起这份责任。"姑娘回答。

事例中，从来没有接生过，对接生的认知仅仅局限于教材的妇产科实习医生，之所以能够独立自主地、顺利地完成接生工作，正是源于列车长的那句"你是医生，你是专家"的压力和她对两个生命的责任。

的确，责任不是别人给你强加的负担，而是你敢于挑战自己的积极选择。无论是在工作还是生活中，不管事情的大小，唯有勇敢地承担起责任，充分地发挥自己的潜能，才能比其他人做得更加尽善尽美。

一位著名的成功企业家，曾经遭遇过一段事业低谷，问及他如何"鲤鱼大翻身"时，他如是说："当我们的公司遭遇到前所未有的危机时，我突然不知道什么叫害怕，我知道必须依靠自己的智慧和勇气去战胜它，因为在我的身后还有那么多人，可能会因为我的胆怯从此倒下。所以，我决不能倒下，这是我的责任，我必须坚强、更坚强！"

因此，在面对各种责任时，不要再把它当作压力，要把它当作挑战自己的积极选择。勇敢地承担起责任，积蓄自己的力量，不断地将自身的潜力一点点地发掘出来，你迟早会实现自己的理想和人生的目标战。

◇ 工作没有那么可怕，只是你把它想得可怕

很多时候，一些事情并非我们想象中的一样，每个人对于同样的事情都会有不同的见解，如果你想知道事情的真相，就一定要亲自去感受。道听途说只会让你没有了主张，将事情复杂化，无形之中也给自己的心灵增加了压力。

职场很大，只要你离开了家庭和学校，只要你开始用自己的双手挣饭钱。职场中的风浪有大有小，只有自己亲身经历了才有发言权。无论你处于何种情况，都不要让众人影响你的想法，这样，你回头看自己的人生之路时才不会后悔。虽然有时候步履艰难，但那是你自己选择的，在那泥泞中有着属于你自己的坚持，也有着印着你记号的成功。

在一本旅游杂志中看到过这样一篇感悟：有一个人去旅游，在路途中他遇到了一大片茂密的森林。看到如此茂密的森林，他一时拿不定主意：这片树林如此之大，林中有什么动物也不清楚，万一遇上危险，那就不好了。

但是只要横穿这片森林，用不了一天的时间就可以到达目的地，要是绕着走的话，几天能到达他也不知道，因为他查的资料只显示了捷径。他决定向当地的居民打听一下，看看这片森林里到底有什么，可不可以横穿。

他来到了附近的村落里，从一家小饭店里向众人打听森林的情况。店里的伙计告诉他，那片林子里面不安全，时常有狼和一些不知道名字的野兽出现，村子里的许多家畜都神秘地消失过。

旅人听了有些害怕，但是一个樵夫却告诉他，自己经常在那片林子里砍柴，倒也没有遇上什么野兽，偶尔会遇到一两条蛇，没什么可怕的。旅人听了稍稍安心了一点，于是向樵夫借了一些防蛇的药，准备横穿森林。店里的伙计依然坚持自己的意见，劝他还是绕道走，那样保险。樵夫拍拍旅人的肩膀，鼓励他不要害怕。

终于，旅人还是选择横穿森林。这片森林真的很深密，越往里面走就越幽深，地上踩着厚厚的落叶，在半路上遇到过蛇，偶尔还有一些野兔和山鸡出没，虽然声响很大，但是并不可怕。旅人小心翼翼地穿过了这片森林，终于到达了目的地。

他不由地想，这片林子看上去很可怕，但是真正穿过了并不觉得如何，没有店伙计说得那么恐怖，也没有樵夫说得那么简单。因为林中荆棘丛生，并没有明显的道路，想要轻易走出来，不吃点苦头是不行的。

职场和这片森林是不是很像呢？因为不了解，只是很模糊地感觉到很可怕，只有真正经历了才觉得并没有想象中可怕。

要想在职场中占有一席之地，刚开始可能会不怎么容易。就好比找工作，你投递出的每一份简历，可能会石沉大海；你参加过很多的面试，但是都没有被录取。这或许会使你受到打击，对生活充满失望，但你应该想到，只有经历过磨难的历练，我们才能够更快地成长起来，只有经得住考验的人，才有资格受到成功的青睐。

职场是我们必须经历的一段人生，我们人生的大部分都是在职场上度过的。只有自己亲身经历过，一步一步走来，才会知道职场给我们的人生带来的是好处还是坏处；只有不让自己的心灵处在别人言论的影响下，我们才能够真正感受到职场带给我们人生的改变。

◇ 学会放松，好心情是战胜一切的开端

在写这节之前，我先给大家讲过故事，这也是我朋友的一个故事。

我这个朋友叫李利，以前是一名国企的庭院设计师，后来她放弃了这份工作，去上海做起了零售生意。她经营着各种各样的庭院装饰品，无不高档豪华、精美绝伦，包括喷泉、工艺雕像等，还有装饰草坪的造型座椅。三年来，她一个星期工作五六天，平均每天工作十二个小时，这样拼命干下来，她的生意经营得越来越红火。

可人不是铁打的，这么长期的高强度疲劳让她吃不消，她自己也承认，每天除了工作上的事，连考虑个人事情的时间都没有。她只有跟客户谈生意时才有时间停下来喝口咖啡，午休对她来讲简直是一种奢望。

当时，我极力向她建议雇用一个店员，起码能在午休前后两到三小时里帮她料理生意。这样，她就可以有足够的时间休息了，还可以利用这空出来的时间整理账目，好好考虑生意该如何做下去。

她听取了我的建议，刚开始她有点不安心，担心这个，担心那个。后来，她逐渐学会了放心离开店，找个安静的地方坐下来，让工作了一个上午的疲惫慢慢消失。在体力和脑力渐渐恢复时让新鲜的想法在清晰的头脑中迸发。

过了段时间，她注意到许多客户在庭院设计上需要她的建议，她的设计风格相当有市场。不久以后，她又经营起一家庭院设计咨询公司，

给她带来不少的机会。现在通过咨询业务，她可以清楚地了解客户对庭院设计都有什么样的要求，这样就使得店里的装饰品与器具总能迎合大家的口味。不仅如此，现在她有更多的机会出去参观各种各样的庭院，有更多时间置身美景。呼吸新鲜空气的同时，她在设计方面的天赋也愈加显露出来。

不用说，这家公司给她带来更多的盈利，店里的员工也多了起来。

请一个员工不仅找回了失去很久的午休，而且扩大了的思维空间为她的事业开拓了一片新的天地，这就是懂得休息的作用。

生活中很多人对待自己不太负责任，他们似乎想惩罚自己。认为在别人休息的时间里拼命地工作，就可以缩短取得成功的时间，比别人更快享受成功后的幸福生活。其实，一个真正心智成熟的人是不会这样做的。

所以，不管你经营自己的生意还是在公司里任职，必须该休息的时候就休息。如果因为忙碌的工作，把你该休息的时间都剥夺了的话，那就该想想办法了。要明白，高效率的工作，来源于充沛的精力，而充沛的精力，则需要有充足的休息。

任何一个人，若是苦心孤诣地专注于某一件事情，中间没有休息，就难以达到最佳状态。所以，为了提高自己的工作效率，为了自己的身体，每个人都需要适当地休息。

我曾在看到过这样一个故事：

刘晓高今年二十六岁，在大多数同学还是公司小职员的时候，他已经是一家外贸公司的销售副总了。为了早一天跻身公司的高层，他没日没夜地工作，放弃了一切假日，总是思索如何才能将销售进一步扩大，让自己的地位进一步提升。

有一天，一位员工不到七点便来到单位，他以为自己肯定是来得最早的了，结果在他推开门时，发现刘晓高已经坐在办公室里对着电脑。他好奇地问道："刘总，您怎么这么早就来单位了呀？"

刘晓高一脸惨相地说："我昨晚就没有回去，一直在这里加班……"

刘晓高的话，让那位员工大吃一惊："刘总，不睡觉很影响健康的，看您的脸色这么差，就是因为熬夜造成的，您赶紧回家休息吧！"

谁知，刘晓高疲惫地挥了挥手，说道："没关系，我刚才已经在桌子上趴着休息了一会儿。好了，赶紧忙吧，今天还有好多事要做呢！"

这件事很快在公司传开了，刘晓高的上司也找他谈话，在表扬他工作努力的同时，也劝他应该注意休息。

谁知，刘晓高却说："没关系的，我年纪小，少睡一会儿问题也不大。让公司发展得越来越好，才是我的目标！"

就这样，刘晓高按着自己的理解干了下去。没过三年，他就因为成绩斐然成了整个公司的一把手。然而令人没想到的是，就在他走马上任的第三天，他却因为心血管破裂住进了医院。

医生检查后发现，正是因为长期睡眠不足，导致了刘晓高的血压极其不稳定，心脏有着严重的隐患，一旦遇到突发事件，身体就会迅速崩溃。在那天晚上，刘晓高就是因为应酬到了凌晨四点才导致急性病的出现。经过抢救，刘晓高虽然保住了命，却成了一动也不会动的植物人。

你会经常为了工作而忘记休息吗？有的人也许会说，我每天加班加点也没事，身体照样好好的。是的，也许你在短时间里感觉不到身体出了什么状况，但是时间一长，你势必会因为平时没有得到正常的休息，导致体质大大地下降。

虽然有些人也知道，该休息的时候一定要休息，但是，在面对如此多的工作的时候，又有多少人能真正做到呢？许多搞体育的人都知道，只有坚持有规律的休息，才能有效地保持和增强身体机能，增强机体的耐力，这样才能保持长期胜利。这个道理用在工作上也是一样。

所以，为了自己的未来和自己的身体着想，大家应该在该休息的时候就休息，并且一定要懂得，在拥有一个美好未来的时候，也要拥有一副可以好好享受的身体。

有人说平时工作任务那么重，能有时间休息吗？其实，大家完全可以在工作一段时间后，出去散散步，或者稍稍打个盹。短短的几分钟休息，会让你在接下来的工作时间中精神焕发，让你身体的疲惫感消失。

你最近过得如何？不管你是否在为未来奋斗，都必须要记住：身体才是革命的本钱，倘若身体垮了，一切都完了，连数钱都数不动了，就算拥有再多的钱又有什么用呢？

◇ 拥有使命感，那是你不断前行的信仰

在职场打拼，如果仅仅满足于把自己分内的工作做好，是远远不够的。这是个竞争激烈的时代，作为一个员工，昨日的优秀不代表今日甚至明日的优秀，你只有不断进取，时刻拥有把工作做得更好的决心，才能立足于这个时代。

保持进取心、追求卓越是成功人士永恒的信念。这种信念不仅造就了大量成功的企业和杰出的人才，还促使每一个不断追求进步的人取得不平凡的成绩。

而只有拥有强烈使命感的人，才拥有不断追求进步的进取心。他们能够从生活、工作以及获得的成功中感受到喜悦，始终保持着旺盛的斗志和充沛的精力，任何时候都不会丧失热情。对他们而言，"不可能"的情况是永远不可能存在的。

美国棒球历史上最伟大的投手之一，莫德克·布朗的成功经历完美地说明了使命感是一个人前进的最大动力。

莫德克·布朗从小就立志成为棒球联盟最好的投手，可是上帝并没有满足他的愿望。在他很小的时候，有一天在农场做工，他的右手不慎被机器夹住，导致中指严重受伤，食指的大部分残缺不全。

谁都知道对于一个投手来说，失去手指意味着什么。成为棒球联盟最好的投手，在他受伤之前可能还有机会争取，可在他的右手致残之后，

这个梦想似乎就没有实现的可能。

然而，他并没有因此放弃自己的梦想，而是完全接受了这个不幸的现实，并尽自己最大的努力学习用残缺的手指投球。终于有一天，他成为地方球队的三垒手。

一次，当莫德克从三垒手传球到一垒时，教练刚好站在一垒的正后方。当看到快速旋转的球划出美妙的曲线落入一垒手的手套里时，教练惊叹道："莫德克，你是天生的投手。你的控球能力实在太出色了。你投出的高速旋转球，任何击球手都会挥棒落空的。"

莫德克投出的棒球球速之快，角度之刁，往往令击球手束手无策。就这样，莫德克将击球手一个个地三振出局。他的三振记录和成功投球的次数高得惊人，不久便成为美国棒球界最佳投手之一。

正是对做最好棒球投手拥有强烈的使命感，使得莫德克战胜了手指致残带来的痛苦，不断地积极进取，最终达成了自己的目标。

作为一个企业的员工，要想不断地取得进步，光有进取心还不行，还要有勤勤恳恳工作的态度。一个具有使命感的人，必是一个非常勤奋的人。他永远像是被人催促一样，非常急于完成工作。他们深深懂得，没有不劳而获的成功，明天的成功全部取决于他们今天所做的一切。

一个卓越的实干家在阐述自己的成功之道时，说："我的座右铭是'勤奋地工作，刻苦努力地钻研，比黄金还宝贵'。我之所以有今天的成就，全在于这几十年中，在工作上遵从'勤奋'二字。不急躁，持之以恒地勤奋下去；我就成功了。"

希拉斯·菲尔德是著名企业家和大西洋电缆建设工程的发起人。正是由于他的勤奋，才获得了今天的成就。

十六岁那年，他离开斯托克布里奇的家到纽约去寻找发财致富的机会。离开家门时，父亲给了他八美元，这是全家人省吃俭用节省下来的。到达纽约之后，他去了哥哥大卫·菲尔德的家里。住在哥哥家的时候，西拉斯·菲尔德很不快乐，从他脸上就能看出来。

后来，西拉斯到斯图尔特的商店工作，那是当时纽约最好的干货店。第一年，他在那里跑腿，年薪五十美元，必须在早晨六点到七点之间上班。成为店员后，他要从早上八点干到晚上关门。

"我总是很注意，"菲尔德先生在自传里写道，"在顾客到达之前一定要赶到店里，在顾客离开之前绝不能提前下班。我的想法就是要使自己成为一个最好的推销员。我尽量从各个部门学习一切有价值的东西，我深深地懂得：将来的一切都取决于我今天的努力。"

他经常去商业图书馆泡一个晚上，还参加了每周六晚上举办的一个辩论团体会。

店主斯图尔特的规定是很严格的。其中一条要求店员在早晨上班时、吃完午餐和晚餐时都要签到。如果上班迟到、午餐超过一小时或晚餐超过四十五分钟，都要罚款。菲尔德在考勤上做得无可挑剔，对店里的工作也兢兢业业，他很快就得到了店主的信任。这样的店员，自然很快就得到了提升。

在一个企业中，员工要想得到提拔和重用，还必须拥有敬业精神。敬业是一种责任精神的体现，一个对自己工作有敬业精神的人，才会真正为企业的发展做出贡献。而一个拥有使命感的人无疑会是一个敬业的员工。他们总是力求把工作做到最好。

敬业，是一种内在的主动精神，是员工发自内心地对工作、对公司的热爱和忠诚，对自己、对公司的高度负责，是责任的延伸和升华。这种精神以特定的意志品格为基础，以规范的程序和良好的能力为保障，通过日常固有的行为模式综合表现出来，并成为一种习惯，结果是高效。

詹姆斯·H·罗宾斯说："敬业，就是尊敬、尊崇自己的职业。如果一个人以一种尊敬、虔诚的心灵对待职业，甚至对职业有一种敬畏的态度，他就已经具有敬业精神。但是，他的敬畏心态如果没有上升到敬畏这个冥冥之中的神圣安排，没有上升到视自己职业为天职的高度，那么他的敬业精神就还不彻底、还没有掌握精髓。天职的观念使自己的职业具有了神圣感和使命感，也使自己的生命信仰与自己的工作联系在了一起。只有将自己的职业视为自己的生命信仰，那才是真正掌握了敬业的本质。"

因此，从某种意义上说，敬业就是使命感在工作中最直接的体现。

罗发兵是重庆市云阳县人，他曾参加过大秦铁路、京九铁路、内昆铁路、朔黄铁路、黎南铁路复线和诸多地方的公路工程建设。

2003 年，当青藏铁路需要抽调人员时，有的人心存顾虑：身体受得了吗？到底能挣多少钱？对这些问题，罗发兵也不是没想过，但他在《决心书》中写道："青藏铁路是国家西部大开发的标志性工程，是没有铁路的最后省份，西藏的第一条铁路，能参加这项工程，是我一生的荣幸和骄傲，是最大的价值。"

罗发兵是首批进驻西藏的铁路工人。在奔赴青藏高原的途中，他看到青藏公路路况简陋，气候恶劣，公路上发生了好多车祸，更感到建设青藏铁路神圣的责任感和使命感。可是到唐古拉时，他所乘坐的大巴不幸翻车，他的头部严重受伤。辛亏有藏族同胞和青藏兵站的救助，在休养十多天后，他才得以脱险。大家都劝他回内地休养一段时间，他却在路边拦了一辆大巴赶到施工一线。

罗发兵所在的青藏铁路二十五标段工地，海拔四千七百七十米。2004

年 9 月，看到工期吃紧，工友们倒班非常劳累，他主动提出多承担任务，还让队长多安排更艰苦的夜班给他。在西藏那曲这个地方，即使是夏天，夜间气温也只有零下 5℃，为了保持头脑清醒，保证驾驶室内有充足的氧气，他一直开着驾驶室的窗户；秋天夜间气温下降到零下二十多摄氏度，在能见度很低的情况下，他是唯一一名能安全优质完成夜间工作任务的司机。因此，他也被称为能啃"硬骨头"的横刀立马之人。

2004 年，重庆有个个体老板了解到他的过硬技术，多次想要聘请他。既能调回老家，待遇也比现在高，但他没有动心，说是自己之所以有今天，是中铁十三局多年来培养教育的结果，自己要报效企业和国家。

正是有了像罗发兵这种具有虔诚敬业精神的人，才使得青藏铁路成功铺设，而也正是这种将自己的职业视为自己的生命信仰的精神，才使得他见证了西藏自治区结束没有铁路的这一伟大历史时刻。因此，要想成为一个优秀员工，就要敬业，就要把职业视为生命信仰，这样才是对企业、对自己的忠诚表现。

◇ 难以战胜不等于不可战胜

爱迪生说过："要战胜厄运，首先要战胜自己的软弱。"很多人不能从厄运中走出来，原因之一就是因为他不能够战胜自己的软弱。岂止是在罹患厄运的时候，在任何情况下，我们需要做的都是要战胜自己。人的一生之中，最难的事情其实也就是这一件。这不由得让我想起一个故事。

从前有一个人，他觉得自己的力气是最大的，所以到处找人挑战。有时候他还会把寺庙里的一尊大佛扛下来放到街上，让来往的车辆过不去，直到车主向他求饶，说他确实力大无穷，他才会哈哈大笑着把佛像从路中间移走。

突然有一天，来了一个外乡人。他刚到这个地方就听到人们纷纷议论这个大力士。外乡人觉得，你力气大固然好，也可以适当夸耀一下，谁让你力气这么大呢？大家也承认这一点。但是，凭借你的力气来不断地给周围的百姓制造麻烦就不对了。外乡人力气也很大，所以决定羞辱这个人一下，让他以后不敢再这样猖狂。

大力士接受了外乡人的挑战，于是两个人在这方圆百里中最繁华的市镇摆了擂台。来观战的人实在是太多了，人山人海。他们虽然都希望外乡人能赢，但是大力士也不是怎么好惹的，所以有的人也暗暗在心里替这个挑战的外乡人捏一把汗：如果挑战失败，还不知道大力士会怎么教训他。

比赛开始，大力士举起了两个铜质的大鼎，一手一个，每个鼎至少有五百斤重。大力士举着两只鼎在擂台上走了一圈，重新把它们放回原处。虽然他流了一些汗，呼吸也稍微有些急促，但是体力很快就恢复了。果然足够勇猛！

而外乡人却将两只铜鼎摞在一起，单手就举了起来。刚一举起来，台下就传来人们的一片惊呼。不光如此，外乡人先将两只鼎用左手举，随即换到右手，并且在擂台上边换手边走，足足走了有五圈！

胜负已定，那个大力士输了。大力士不甘心，可是自己的力气明显没有这个外乡人大。他急得不知道该说什么了，最后竟然冒出一句："有能耐你把你自己给举起来！"

是的，这个外乡人力气再大，也不能把自己给举起来。

本来，故事里的这个输了比赛的大力士，实在是强词夺理，但是这句话如果细细琢磨，也颇值得玩味，无论一个人有多么强大，他最难战胜的还是自己。

难以战胜不等于不可战胜。所以，真正能战胜自己的人，就成了古往今来最成功的人。而另外一个人，正因为无法战胜自己，所以无法成为一个真正的强者。

战胜自己，就要和自己的缺点做斗争。每个人都有自己的缺点，关键是能不能认清它们，并通过努力加以改正。比如，有的人比较懒惰，那就要让自己学得勤快一点，可能就因为改变了这一点，就受到了老板的赏识，从而被提拔，又是表扬又是加薪。再比如，有的人比较软弱，那就要锻炼自己的毅力，让自己变得刚强，从而在再次遇到困难的时候不会再打退堂鼓。可能就是因为这一次没有退缩，就在勇往直前的拼搏中得到了属于自己的一片天地。

面对艰难困苦的时候，我们更应该战胜自己。

一个爱抱怨上天不公的人，与其抱怨，还不如自己咬紧牙关不懈奋斗。因为就算你抱怨上天一百次，你的命运也不会因此而好一点，只有真真切切地努力，才能改变自己的命运。谁也不是天生就运气好的人，在我们眼中衣着光鲜、腰缠万贯的人，之前很可能就是一个穷小子。我们不能只看到别人的幸福而忽略掉他为了这一天曾经吃过多少苦、受过多少累。

总想着不劳而获不能取得成功，只有通过奋斗才能够获得成功。即便是有机会不经过自己的努力而得到了一些东西，也是不牢固的，说不定哪一天这些东西就会失去。只有通过自己的付出得到的果实，才不会轻易地从你手上溜走。

老子说："胜人者有力，自胜者强。"没错，能战胜别人的人只能算是有力的人，而只有连自己都能够战胜的人，才算是真正的人中强者。

总之，要战胜自己，就要战胜自己所有的缺点。不管是自己正处在困顿当中，还是正在经历挫折和失败，都不应该灰心丧气。面对所有的不如意，要让自己保持一个沉稳冷静的心态。只有这样，才能够从容面对人生中的各种不尽如人意的未知。否则，就会因为失败而一蹶不振，从而忘掉失败是每个人在生活中都要不断经历的。有的人会放任自己委靡的心态，从而放弃积极的人生。只有战胜自己，才能够拥有积极的心态，才能够在困苦之中始终保持昂扬的斗志，才能从自己经历的每一次黑暗中看到光明，从每一次损害中看到机遇。